教育部职业教育与成人教育司推荐教材配套教材
中等职业学校计算机技术专业教学用书

Java语言案例教程(第2版)上机指导与练习

杨培添　主编

電子工業出版社
Publishing House of Electronics Industry

北京·BEIJING

内 容 简 介

《Java 语言案例教程》（第 2 版）是作者多年从事教学和研究的心得之作，本书则是根据原教材精心编写的习题集。本书的习题类型丰富，分为基础练习和程序设计题。基础题中还细分为判断题、选择题、填空题和简述题。为了方便教师教学和学生练习，本习题集还在每章的习题前归纳要完成习题必备的知识和技能。本习题的练习紧扣原教材，突出重点，分散难点，所有的习题都配有参考答案。本习题集对学生理解原教材的概念和加强技能训练，以及计算机等级考证都有较好的帮助作用。

本书配有电子教学参考资料包，详见前言。

图书在版编目（CIP）数据

Java 语言案例教程（第 2 版）上机指导与练习/杨培添主编．—北京：电子工业出版社，2010．5
教育部职业教育与成人教育司推荐教材配套教材·中等职业学校计算机技术专业教学用书
ISBN 978－7－121－10662－0

Ⅰ．① J…　Ⅱ．① 杨…　Ⅲ．① JAVA 语言－程序设计－专业学校－教学参考资料　Ⅳ．① TP312

中国版本图书馆 CIP 数据核字（2010）第 058825 号

策划编辑：关雅莉
责任编辑：徐　萍
印　　刷：北京丰源印刷厂
装　　订：涿州市桃园装订有限公司
出版发行：电子工业出版社
　　　　　北京市海淀区万寿路 173 信箱　邮编 100036
开　　本：787×1092　1/16　　印张：6．75　　字数：172．8 千字
印　　次：2010 年 5 月第 1 次印刷
印　　数：3 000 册　　定价：15．00 元

凡所购买电子工业出版社图书有缺损问题，请向购买书店调换。若书店售缺，请与本社发行部联系，联系及邮购电话：（010）88254888

质量投诉请发邮件至 zlts@ phei．com．cn，盗版侵权举报请发邮件至 dbqq@ phei．com．cn。

服务热线：（010）88258888

前　言

Java 语言诞生于 20 世纪 90 年代初，最初是 Sun Microsystems 公司开发的一种用于智能化家电的名为“橡树”（Oak）的语言。1995 年下半年，Sun 公司正式以 Java 命名并向全球推出。现在，Java 语言已经在各领域获得了广泛的应用，很多大型的软件都是采用 Java 语言开发的。目前，各职业学校的软件专业都把 Java 语言选为首选编程语言。

为适应职业学校的教学需要，2005 年我们编写出版了《Java 语言案例教程》，经过多年的使用，2009 年 12 月出版了《Java 语言案例教程（第 2 版）》。在教材的使用中，学校的老师希望能出版配套习题集，以利于教师教学和学生上机操作。为此，作者根据多年的 Java 语言课堂教学和辅导学生上机操作体会，参考计算机等级考证大纲，编写了本习题集。可以说，这本习题集是《Java 语言案例教程（第 2 版）》的补充教材。

本习题集紧扣 Java 语言教学大纲，在章节上尽可能与原教材保持一致。习题集的习题类型丰富，分为基础练习和程序设计题两大部分。其中基础练习还细分为判断题、选择题、填空题和简述题，基本上涵盖了 Java 语言的基本概念、基本理论等应知内容。程序设计题则是为加强学生的编程能力而设计的。为了便于学生复习和练习，本习题集还在每章的习题前归纳出完成习题必备的知识和技能。

本教材的所有习题都配有参考答案。

本习题集对学生理解原教材的概念和加强技能训练，以及计算机等级考证都有较好的帮助作用。本教材不但适合职业学校软件专业和网络专业使用，而且也适合计算机等级考证使用。

本教材由杨培添担任主编，各章的“练习提要”和“基础练习”由杨培添编写，“程序设计题”的第 1 章至第 5 章由谭远怀编写，第 6 章至第 12 章由黄铭毅编写，全书由杨培添统稿。

Java 语言博大精深，我们对 Java 语言的理解还很肤浅。本习题集可能会有一定的错漏，诚恳希望读者在使用过程中提出宝贵的意见和建议，以便于再版时改进。

为方便教学，本书还配有电子教学包，内有教学指南，请有此需要的教师登录华信教育资源网(www.hxedu.com.cn)下载，或与电子工业出版社联系(E-mail:ve@phei.com.cn)，我们将免费提供。

编　者

2010 年 2 月

目 录

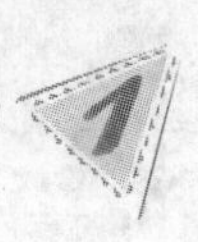

第1章　Java语言快速入门

Java 语言诞生于20 世纪90 年代的初期，它的前身是 Sun Microsystems 公司开发的一种用于智能化家电的名为“橡树”（Oak）的语言。1995 年5 月，Java 语言被定位于网络应用的程序设计语言而正式推出。现在，Java 语言已经在各领域获得了广泛的应用。

本章主要练习 Java 语言的特点、程序运行环境的设置及 Java 程序的书写格式。

1.1　练习提要

1.1.1　Java 语言的显著特点

简单；面向对象；分布式；健壮性；安全性；可移植性；解释性。

1.1.2　Java 程序的书写格式

最简单的 Java 程序，其书写格式应包括两大部分：

第一部分　　主类 public

也称为公用类。所有主程序的类都必须定义为 public 的类，也只能有一个主类。

格式：

```
public class 类标识            //类标识必须与源文件名相同,并要区分大小写
{
    类成员
}
```

第二部分　　main（）方法

所有 Java 程序都必须有一个程序的起始点，作为开始执行程序的位置

格式：

```
public static void main(String args[])
{
    程序语句;
    …
}
```

1.1.3 Java 程序的类型及运行过程

用 Java 语言可以开发两种类型的程序：Applet 程序和 Java 应用程序（Application 程序）。Java 应用程序运行过程如下：

(1) 使用任意一种文本输入工具输入代码，扩展名保存为 java。

(2) 用 JDK 编译源程序。在命令行提示符后输入“javac 文件名”，生成扩展名为 class 的字节码文件。

(3) 编译通过后，输入运行命令执行程序。

1.1.4 JSDK 工具集的安装及设置

(1) 下载免费的开发工具集 JSDK（Java Software Development Kit）。

(2) 安装 JSDK 工具集。

安装步骤：

① 安装向导准备。

② 设置安装路径。

③ 定义安装组件。

④ 定义浏览器。

⑤ 最后确认是否安装了 JSDK 工具集。

1.1.5 JSDK 工具集的分类

(1) 核心开发工具。是 Java 程序开发工具的精髓，其他的开发工具都需要使用。

(2) 集成开发工具。为了方便程序的开发，许多著名公司推出了自己的集成开发工具。要求配置较高。

(3) 其他工具。比较小巧，适合于系统配置较低的机器。

1.1.6 设置环境变量

因为“命令提示符”窗口下只能执行默认的 DOS 命令，如果要执行 javac、java 等命令，则需要进行额外的环境变量的设置。环境变量的设置主要是对 Path 变量的设置。

1.2 基础练习

1.2.1 判断题

1. Java 语言开发的程序只能在 Windows 平台中运行。
2. Java 语言开发的程序只能用命令行方式来运行。
3. Java 语言开发的程序不能用网页来运行。
4. 每个 Java 程序只能有一个类。
5. Java 语言的风格与 C ++ 语言类似，也有指针的概念。

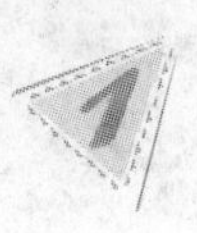

6. public、class 字符不可以用在文件名中。

1.2.2　选择题

1. Java 语言的类型是________。
   A. 面向对象语言　B. 面向过程语言　C. 汇编程序　D. 形式语言
2. 保证 Java 语言可移植性的特征是________。
   A. 面向对象　B. 安全性　C. 分布式计算　D. 可跨平台
3. Java 语言的许多特点中，下列________特点是 C ++ 语言所不具备的。
   A. 高性能　B. 跨平台　C. 面向对象　D. 有类库
4. 下列有关 Java 语言的叙述中，正确的是________。
   A. Java 语言是不区分大小写的
   B. 源文件名与 public 类型的类名必须相同
   C. 源文件名的扩展名为 . jar
   D. 源文件中 public 类的数目不限
5. 编译 Java 源程序，要执行________命令。
   A. java　B. enter　C. javadoc　D. javac
6. main（）方法的返回类型是________。
   A. int　B. void　C. boolean　D. static
7. Java application 源程序的主类是指包含有________的类。
   A. main 方法　B. toString 方法　C. init 方法　D. actionPerfromed 方法

1.2.3　填空题

1. Java 语言诞生于20 世纪90 年代的初期，它的前身是________公司开发的一种用于________的名为“橡树”（Oak）的语言。
2. Java 语言的主要特点有简单性、分布式、健壮性、安全性和________。
3. 用 Java 语言编写程序，除了安装工具集外，还要对________变量进行设置，主要是对________变量设置。
4. Java 程序中，主类标识必须与________相同，并要区分________。
5. Java 源文件中最多只能有一个________类，其他类的个数不限。
6. 每个 Java 应用程序可以包括许多方法，但必须有一个________方法。
7. 用 JDK 编译源程序，生成扩展名为________的字节码文件。
8. 开发与运行 Java 程序需要经过的三个主要步骤为编辑源程序、编译生成字节码和________。

1.2.4　简述题

1. 请用流程图简述 Java 程序运行的过程。
2. JDK 安装后在什么目录下？简述其中的 Javac. exe 和 Java. exe 工具的作用。
3. 简述下列程序中“//”符号前代码的作用。

```
public class MyFirstJavaProgram      //①
{
    public static void main(String args[])      //②
    {
        System.out.println("这是我自己动手写的第一个 Java 程序!");//③
    }
}
```

1.3 程序设计题

1. 在屏幕上输出“＊＊＊ I Love Java ＊＊＊”字符串。
2. 自己动手安装 JSDK 工具集。

第2章　Java语言基础

Java 语言基础包括基本组成、数据类型、运算符、表达式、控制流程等，这些内容是任何一门程序设计语言都必须具备的，因为这是编程的基础。本章主要练习 Java 语言的编程基础，为后续练习打下一个扎实的基础。

2.1　练习提要

1. Java 语言的基本组成

（1）标识符

标识符由字母、数字、下画线(_)或美元符($)组成，并且必须以字母、下画线或美元符开始。标识符命名规则如表 2.1 所示。

表 2.1　Java 语言标识符的命名规则

标识符的类型	常　规	示　例
类	每个单词的首字母必须大写	Mammal，SeaMan
函　数	第一个字母小写，其他单词的首字母大写	getAge，setHeight
变　量	第一个字母小写，其他单词的首字母大写	age，brainSize
常　量	所有字母均大写，单词之间使用下画线分开	MAX_AGE

（2）关键字

关键字有其特定的语法含义，下面列举的关键字，不能用做标识符。

abstract　Boolean　break　byte　case　char　class　if　for　do
double　continue　default　else　extends　final　finally　float　implements
import　instanceof　int　interface　long　native　new　null
true　try　void　while　short　return　this　switch

（3）注释方式

①“//”：用于单行注释，注释从“//”开始，终止于行尾。

②“/*…*/”：用于多行注释，注释从“/*”开始，到“*/”结束，这种注释不能互相嵌套。

③“/**…*/”：是 Java 语言所特有的 doc 注释，以“/**”开始，到“*/”结束。

（4）分隔符

分隔符用来使编译器确认代码在何处分隔，表2.2列举了一些常用的分隔符。

表2.2 一些常用的分隔符

分隔符	中文名	用途
( )	圆括号	在定义和调用方法中用来容纳参数表；在控制语句或强制类型转换组成的表达式中用来表示执行或计算的优先权
{}	花括号	用来包括自动初始化的数组的值；也用来定义程序块、类、方法及局部范围
[]	方括号	用于声明数组的类型；也用于标识撤销对数组值的引用
;	分号	用于终止一个语句
,	逗号	在变量声明中，用来分隔变量表中的各个变量；在for控制语句中，用来将圆括号内的语句连接起来
.	句号(点)	用于将软件包的名字与它的子包或类分隔；也用于将引用变量与变量或方法分隔

2. 数据类型

数据在使用前，首先要声明。一般是将第一个字母变成大写作为类名称。这样就把简单的数据类型当成有对象形式的数据类型。另外，在声明一个变量时，必须把该变量的数据类型放在变量名的前面。

常量的定义比变量的定义多一个修饰符“final”。另外，常量必须有初始值。

定义一个变量需要有一个类型（type）、一个标识符（identifier），如果需要，还可以加上一个初始值。另外，定义变量名要像标识符一样遵循一定的规则。

（1）整型数据

① 整型常量，主要有以下几类。

十进制整数。

八进制整数，以0开头，如0123表示十进制数83。

十六进制整数，以0x开头，如0x123表示十进制数291。

② 整型变量。

整型数据类型所占字节数和其取值范围如表2.3所示。

表2.3 整型数据类型所占字节数和取值范围

类型	所占字节数	取值范围
byte	1	-128 ~ 127
short	2	-32 768 ~ 32 767
int	4	-2 147 483 648 ~ 2 147 483 647
long	8	-9 223 372 036 854 775 808 ~ 9 223 372 036 854 775 807

（2）浮点型（实型）数据

① 实型常量，有两种表示形式。

十进制数形式，由数字和小数点组成，且必须有小数点，如0.123，.123，123.，123.0。

科学计数法形式，如 123e 或 123E3，其中 e 或 E 之前必须有数字，且 e 或 E 后面的数字（表示以 10 为底的乘幂部分）必须为整数。

② 实型变量，有 float 和 double 两种。表 2.4 列出了这两种类型所占字节数和其取值范围。

表 2.4　实型变量的两种类型

类　型	所占字节数	取 值 范 围
float	4	3.403E－038～3.403E＋038（6～7 个有效十进制数位）
double	8	1.798E－308～1.798E＋308（15 个有效十进制数位）

（3）字符型数据

① 字符型常量，用单引号括起来的一个字符，转义字符以反斜杠（\）开头，将其后的字符转变为另外的含义。表 2.5 列出了 Java 语言中的转义字符。

表 2.5　转义字符

转 义 字 符	意　义
\'	单引号字符
\\	反斜杠字符
\r	回车
\n	换行
\f	换页
\t	横向跳格
\b	退格
\ddd	1～3 位八进制数据所表示的字符（ddd），八进制的特殊字符序列。在 ASCII 码八进制值的字符中，ddd 为三个八进制数（0～7），如\071 是 SCII 码为八进制数 71（十进制数 57）的字符
\uxxxx	1～4 位十六进制数所表示的字符（xxxx），Unicode 的换码序列。Unicode 十六进制值的字符中，xxxx 为四个十六进制数（0～9，A～F），如\u0041 是 Unicode 码为十六进制数 41（十进制数 65）的字符

② 字符型变量，类型是 char、与 C、C++语言不同，Java 语言中的字符型数据不能用做整数。它在机器中占 16 位，其范围为 0～65 535。

③ 字符串常量，与 C、C++语言相同，是用双引号（“ ”）括起来的一串字符。不同的是，Java 语言中的字符串常量被作为 string 类的一个对象来处理，而不是一个数据。

（4）布尔型数据

布尔型变量的声明如下：

```
boolean   b = true;      //声明 b 为布尔型变量,且初值为 true
```

3. 运算符

（1）算术运算符

① 一元算术运算符。一元算术运算符的用法和描述如表 2.6 所示。

表2.6　一元算术运算符

运算符	用法	描述
+	+ op	正值
-	- op	负值
++	++ op, op ++	加1
--	-- op, op --	减1

② 二元算术运算符。二元算术运算符的用法和描述如表2.7所示。

表2.7　二元算术运算符

运算符	用法	描述
+	op1 + op2	加
-	op1 - op2	减
*	op1 * op2	乘
/	op1/op2	除
%	op1% op2	取模(求余)

[注]op1,op2分别表示两个操作数(表2.8、表2.9、表2.10、表2.11中同)。

(2) 关系运算符

关系运算符都是二元运算符,如表2.8所示的是运算符用法及返回true的情况。

表2.8　关系运算符

运算符	用法	描述
>	op1 > op2	op1 大于 op2
>=	op1 >= op2	op1 大于或等于 op2
<	op1 < op2	op1 小于 op2
<=	op1 <= op2	op1 小于或等于 op2
==	op1 == op2	op1 与 op2 相等
! =	op1! = op2	op1 与 op2 不等

(3) 布尔逻辑运算符

布尔逻辑运算符用于进行布尔逻辑运算，其用法及返回truc的情况如表2.9所示。

表2.9　布尔逻辑运算符

运算符	用法	何种情况下返回true
&	op1&op2	op1 和 op2 都是 true，总是计算 op1 和 op2
|	op1 | op2	op1 或者 op2 都是 true，总是计算 op1 或 op2
^	op1^op2	如果 op1 和 op2 是不同的，也就是说，其中一个运算对象是真的而不是两个都为真的时候
&&	op1&&op2	op1 和 op2 都是 true，有条件地计算 op2
||	op1|| op2	op1 或者 op2 是 true，有条件地计算 op2
!	! op	op 为 false

(4) 位运算符

位运算符的用法和描述如表 2. 10 所示。

表 2. 10 位运算符

运 算 符	用 法	描 述
~	op1 ~ op2	非（位求补）
<<	op1 << op2	左移 *n* 位
>>	op1 >> op2	右移 *n* 位
>>>	op1 >>> op2	无符号右移（C、C ++ 无）
&	op1&op2	位与
^	op1^op2	位异或
|	op1 | op2	位或

位运算符中，除“ ~ ”以外，其余均为二元运算符。

(5) 赋值运算符

表 2. 11 列出了所有的赋值运算符和它们的等价形式。

表 2. 11 赋值运算符

运 算 符	用 法	等 价 形 式
+=	op1 += op2	op1 = op1 + op2
-=	op1 -= op2	op1 = op1 - op2
*=	op1 *= op2	op1 = op1 * op2
/=	op1/= op2	op1 = op1/op2
% =	op1% = op2	op1 = op1% op2
& =	op1& = op2	op1 = op1&op2
| =	op1 | = op2	op1 = op1 | op2
^ =	op1^ = op2	op1 = op1^op2
<<=	op1 <<= op2	op1 = op1 << op2
>>=	op1 >>= op2	op1 = op1 >> op2
>>>=	op1 >>>= op2	op1 = op1 >>> op2

(6) 条件运算符

条件运算符（?:）是三元运算符，它的语法是：

```
expression1 ? expression2 : expression3;
```

expression1 是第一个判断的值，如果为真，计算 expression2；否则，计算 expression3。

2.2 基础练习

2.2.1 判断题

1. 标识符由字母、数字、下画线(_)或美元符($)组成，并以数字开始。
2. “//”可以用于两行注释，即从“//”开始，终止于下一行的行尾。
3. 每个 Java 程序一定有一对或多对花括号“ { } ”。

4. 有些 Java 语言的关键字是不允许作变量名的。
5. 数据在使用前一定要先作声明，然后才能引用。
6. 因为常量定义时比变量多一个修饰符“final”，所以不需要初值。
7. 定义变量名时遵循的规则与标识符一样。
8. “short” 和 “int” 定义的数值范围和所占的字节数是不一样的。
9. 反斜杠“ \ ”后面的字符不再保持原来的含义。
10. 关系运算的返回结果是 true 或 false，而不是 1 或 0。
11. i ++ 和 i =+ 1 是不等价的。
12. 在声明一个变量时，通常把数据类型放在该变量名的后面。

2.2.2 选择题

1. 下列属于 Java 语言合法标识符的是①________，②________。
①
A. _cat　　B. 5books　　C. + static　　D. -3.14159
②
A. Tree&Glasses　　B. FirstJavaapplet　　C. _ $ theLastOne　　D. 273.5
2. 表示一个类的标识符正确的是________。
A. Helloworld　　B. HelloWorld　　C. helloworld　　D. helloWorld
3. 以下________不是 Java 语言的合法标识符。
A. val　　B. _val　　C. 2_ val　　D. first_ val
4. 属于 Java 语言关键字的是①________，②________。
①
A. NULL　　B. IF　　C. do　　D. While
②
A. Java　　B. java　　C. class　　D. Class
5. 不是 Java 语言关键字的是________。
A. if　　B. THEN　　C. const　　D. try
6. 在 Java 语言中，表示换行符的转义字符是________。
A. \ n　　B. \ f　　C. 'n'　　D. \ dd
7. 下列________是正确的反斜杠字符。
A. \ \　　B. * \ \　　C. \　　D. \ '\ '
8. 下列赋值语句中错误的是________。
A. float f = 11.1f;　B. double d = 5.3E12;　C. char c = '\r';　D. byte bb = 433;
9. 设 x = 1, y = 2, z = 3, 则表达式 y += z -- / ++ x 执行后, y 的值是________。
A. 3　　B. 4　　C. 3.5　　D. 5
10. char 类型的取值范围是________。
A. -128 ~ 127　　B. 0 ~ 65 535　　C. -32 768 ~ 32 767　　D. 0 ~ 256
11. int 类型数据的表示范围为________。

A. –2 147 483 648 ~ 2 147 483 647

B. –32 768 ~ 32 768

C. –128 ~ 127

D. –9 223 372 036 854 775 808 ~ 9 223 372 036 854 775 807

12. 以下不合法的 Java 表达式是________，其中 a、b 为 int 类型，c 为 double 类型，d、e 为 boolean 类型。

A. a + b + c　　B. c * a + b * b　　C. d || e　　D. d * a + b * c

13. 下列程序段的输出结果是________。

```
public class operatorsandExpressions
{
    void stringPlus( )
    {
    int a = 3, b = 4, c = 5;
    System. out. println( "abc" + 3);
    }
}
```

A. 15　　B. abc3　　C. 256　　D. 63

2.2.3 填空题

1. “/ * … * /”用于________行注释，即从________开始，到________结束。
2. 方括号用于声明________；分号用于________。
3. 定义一个变量需要有一个________和________，如果需要，还可以加上一个________值。
4. 整型数据分为________常量和________变量。
5. 实型常量有________进制和科学计数法两种形式；实型变量有________和________两种类型，它们所占的字节数是不一样的。
6. float 类型定义的数据可以存________位数；double 类型定义的数据可以存________位数。
7. 字符串常量是用双引号“ ”括起来的________字符。
8. 初值为 true、变量为 b 并声明为布尔型变量，则表达式为________。
9. x += 3，相当于表达式________。
10. int i = 10; int x =++ i; 运行结果分别是 x = ________和 i = ________。
11. int j = 10; int y = j ++ ; 运行结果分别是 y = ________和 j = ________。
12. 计算几个位运算结果：0&1 = ________、1&1 = ________、1 | 1 = ________、1 | 0 = ________、0^0 = ________、0^1 = ________和 1^1 = ________。
13. 双精度浮点数 double 类型表示的取值范围是________。
14. 在 Java 语言中，若实型常量后没有任何字母，则计算机默认为________类型数据。

2.2.4 简述题

1. 下列哪些单词是Java语言中合法的标识符？哪些不是？为什么？

   hello new _thst 4rd file_name long null class

2. 假设圆的半径 $r=10.8$，计算其面积 a。要求用双精度浮点型变量计算，写出其数据定义。

3. 下列是数据类型运行的程序。请回答程序运行后的结果。

```
public class BasicType
{
    public static void mare(String args[ ])
    {
        byte b =077;
        short s =0x88;
        int I =88888;
        long l =8888888888881;
        char c = '8';
        float f =0.88f;
        double d =8.88e-88;
        booleam bool =false;
        String str ="2008 年 奥运";
        StringBuffer sb =new StringBuffer("在中国北京举办");
        System,out.println("b =" +b);
        System.out.println("s =" +s);
        System.out.println("i =" +i);
        System.out.println("l =" +1);
        System.out.println("c =" +c);
        System.  out.println("f =" +f);
        Systcm.out.println("d =" +d);
        System.out.println("boolean =" +bool);
        System.out.println("str =" +str);
        System.out.println("sb =" +sb);
    }
}
```

2.3 程序设计题

1. Java 语言的基本组成

已知梯形上、下底和高分别是5、8、6.78，求梯形的面积。

2. 数据类型（1）

把 char、int 和 doubl 等数据类型强制转换。

3. 数据类型（2）

把 char、int、long 和 doubl 等数据类型自动转换。

4. 运算符（1）

用条件运算符比较 125 和 68 的大小，并输出最小值。

5. 运算符（2）

编写 z = 78 * （96 + 3 + 45）的程序，简述其运算过程。

6. 运算符（3）

计算表达式 9 >7||8 <6 的值。

第3章　Java流程控制及数组

在程序设计语言中，通常使用控制语句来控制程序执行的流向。Java 语言有两种主要的控制结构：选择和循环。选择结构根据表达式和变量的不同状态选择不同的分支；循环结构则使程序重复执行某个程序块或语句。本章主要练习 if 判断语句、for 和 while 循环语句、switch 转换语句及数组的应用。

3.1　练习提要

3.1.1　分支语句

分支语句也是一种选择语句，它使得程序的执行可以跳过某些语句不执行，而转去执行特定的语句，常用的有如下 3 种形式。

1. 条件语句 if-else

格式：if（条件）　　语句 1；
　　　　　　　　　　else 语句 2；

功能：if-else 语句根据判定条件的真假来决定执行两种操作中的哪一种。

if-else 语句的特殊形式为：

```
if(表达式 1){
语句 1
}
else if(表达式 2){
语句 2
}
......
else if(表达式 m){
语句 m
}
else{
语句 n
}
```

2. 多分支语句 switch

格式：switch（选项）{
```
    case 数值1：
    语句1；
    break；
    case 数值2：
    语句2；
    break；
    …
    case 数值n：
    语句n；
    break；
    default：
    语句0；
    break；
    }
```

功能：switch 语句根据表达式的值来执行多个操作中的某一个。

说明：switch 结构可以触发多个选择分支，选择执行的分支从选择所对应的 case 标记开始，直到下一个 break 语句才结束。如果所对应的 case 标记后没有 break 语句，则分支一直执行到 switch 语句块的末尾。

3. break 语句

break 语句总是和 switch 语句、for 语句、while 语句、do－while 语句一起连用。从功能上讲，break 语句的作用是直接中断当前正在执行的语句，跳出 switch 或循环语句。

在 switch 语句中，break 语句用来终止 switch 语句的执行，使程序从 switch 语句后面的第一个语句开始执行。在循环中，break 语句用来终止当前循环体语句的执行，使程序转移到下一个语句。

3.1.2 循环语句

有的程序需要反复执行一段代码，直到满足终止条件为止，这时，就要用到循环语句。Java 语言的循环语句分为 3 种：while、do－while 和 for 语句。

1. while 语句

格式：[初始化语句]
```
    while（布尔表达式）{
    循环体；
    [迭代语句；]
    }
```

功能：while 语句实现“当型”循环。

说明：(1)（布尔表达式）的值为 true 时，循环执行大括号中的语句，初始化部分和迭代部分是任选的。

(2) while 语句首先计算终止条件，当条件满足时，才去执行循环中的语句。这是“当型”循环的特点。

(3) break 语句允许在满足条件之前离开循环。即一旦遇到 break 语句，循环立刻停止，跳过所有要执行的代码。

2. do-while 语句

功能：do-while 循环和 while 循环相似，不同之处在于 do-while 循环是在语句执行之后才判断条件。do-while 语句实现“直到型”循环。

格式：[初始化语句]

```
do {
循环体;
[迭代语句;]
} while (布尔表达式);
```

说明：(1) do-while 语句首先执行循环体，然后计算终止条件，若结果为 true，则循环执行大括号中的语句，直到布尔表达式的结果为 false。

(2) 与 while 语句不同的是，do-while 语句的循环体至少执行一次。这是“直到型”循环的特点。

3. for 语句

格式：

```
for (初始化表达式; 终止条件表达式; 迭代表达式) {
    循环体;
}
```

功能：for 语句也用来实现“当型”循环。

说明：(1) for 语句执行时，首先执行初始化操作，然后判断终止条件是否满足，如果不满足，则执行循环体中的语句，最后执行迭代部分。完成一次循环后，重新判断终止条件。

(2) 可以在 for 语句的初始化部分声明一个变量，它的作用域是整个 for 语句。

(3) for 语句通常用来执行循环次数确定的情况（如对数组元素进行操作），也可以根据循环结束条件，执行循环次数不确定的情况。

(4) 在初始化部分和迭代部分可以使用逗号语句来进行多个操作。

(5) 初始化、终止及迭代部分都可以为空语句（但分号不能丢），三者均为空的时候，相当于一个无限循环。

3.1.3 一维数组

数组至少是一维的，一维数组是最简单的数组，其逻辑结构为一个线性序列，也就是

一系列同类型数据的集合。

1. 一维数组的定义

格式：type arrayName[ ]；

说明：类型（type）是任意的数据类型，包括简单类型、组合类型；数组名 arrayName 为一个合法的标识符；[ ] 指明该变量是一个数组类型变量。

2. 一维数组元素的引用

格式：arrayName[index]

说明：index 为数组下标，它可以是整型常数或表达式，如 a[3]，b[i]（i 为整型），c[6 * i]等。下标从 0 开始，一直到数组的长度减 1。如果下标 index 超出了数组大小的范围，就会产生 ArrayIndexOutOfBoundException 异常。

3. 一维数组的初始化

对数组元素可以按照上述的例子进行赋值，也可以在定义数组的同时进行初始化。如：

```
int a[ ] = {1, 2, 3, 4, 5};
```

用该方法定义一个数组，无须说明数组的长度，只需按顺序穷举出数组中的全部元素即可，系统会自动计算并为数组分配一定的空间。

4. 数组间的复制

由于数组是对象，因此将一个数组变量赋值给另一个数组变量时，只是复制数组的引用。如：

```
int inta[ ] = intArray;
```

以通过 intArray[0]、intArray[1]、intArray[2]、intArray. length 或 inta[0]、inta[1]、inta[2]、inta. length 来访问同一个对象。

数组间的另一种复制方法是采用 Java. lang. System 类中的 arraycopy（）方法。

3.1.4　多维数组

Java 语言中多维数组被看做是数组的数组。如二维数组可以看做是一个特殊的一维数组，其每个元素又是一个一维数组。

1. 二维数组的定义

格式：type arrayName[ ] [ ]；

说明：与一维数组一样，要使用运算符 new 来分配内存、建立数组，然后才可以访问每个

元素。分配内存空间有如下方法:

(1) 直接为每一维分配空间。

(2) 从最高维开始,分别为每一维分配空间,但必须从最高维开始,由高到低进行。

2. 二维数组元素的引用

对二维数组中的每个元素,引用方式为:

```
arrayName[index1][index2]
```

其中,index1、index2 为下标,可以是整型常数或表达式,如 a[1][2]。同样,每一维的下标都从 0 开始。

3. 二维数组的初始化

二维数组的初始化有以下两种方式:

(1) 直接对每个元素进行赋值。

(2) 在定义数组的同时进行初始化。

3.2 基础练习

3.2.1 判断题

1. if、for、while 和 switch 语句都是控制流程运行的语句。
2. 在 if-else 语句中,else 是必备的关键词。
3. else 子句虽不能单独作为语句使用,但它可以和任何一个 if 配对。
4. 一个 if 语句可以和多个 else if 语句连用,但只能有一个 else 语句。
5. break 语句只能在满足条件之后才能离开循环去执行其他代码。
6. do-while 循环是在语句执行之后才判断条件。
7. 使用 for 循环能够减少代码行数、提高循环效率。
8. 二维数组可以看做是一个特殊的一维数组,其每个元素又是一个一维数组。
9. 一维数组、二维数组都要使用运算符 new 来分配内存和建立数组。
10. 定义二维数组时,不能初始化。

3.2.2 选择题

1. 下面控制语句正确的是________。

   A. if (x>0) then x=x-1;

   B. for(i=0; i<5; i++) System. out. println (i);

   C. while(x)x++; (其中 x 为整数)

   D. Switch (month)

```
{
      case 1:season = "Spring";
      case 2:season = "Spring";
      case 3:season = "Spring";
      case 4:season = "Summer";
    break;
      case 12:season = "Winter"; break;
default:season = "Invalid month!";
}
```

2. 下面程序段运行之后，变量 x 的值是________。

```
//swap 方法的声明
public static void swap (Int a, int b) {
      int t = a;
      a = bs;
      b = t;;
}
//main 方法
public static void main( string args [ ] ) {
      int x = 2;
      int y = 3;
      swap (x,y);
}
```

A. 2　　　　B. 3　　　　C. 4　　　　D. 6

3. 下列程序是计算 1 +2 +3… +100 的，在程序中选择下面一个关键词________，以便让程序运行。

```
Class Sum To 100{
      Public static void main(Strlng args[] {
      Int I ,sum = 0;
      i = 1;
      ________ (I< =100) {
            sum + =i + +;
      )
      Systemout. println ("1 到 100 的和为:"  + sum);
      )
      }
```

A. while　　　　B. for　　　　C. swith　　　　D. do

4. 下面定义了一个方法 facth（int n），fact（5）的返回值是________。

```
//fact 方法的定义
 public  static  int  fact(int n) {
        if (n>0) return fact (n-1) * n;
        else return 1;
}
```

A. 20　　B. 5　　C. 1 200　　D. 120

5. 下面定义的数组 array 共有________个元素。

```
int [ ] array = new int [10];
```

A. 10　　B. 9　　C. 1　　D. 11

6. 在下列程序中，当执行到 j = ________时，循环就终止了。

```
i=4;
if(i>0){
  for(int j=0;j<10;j++){
    if(j>i)break;
  }
...
}
```

A. 4　　B. 5　　C. 8　　D. 10

3.2.3　填空题

1. 条件语句包括________语句、________语句和________语句。
2. 循环语句包括________语句、________语句和________语句。
3. 一个有 10 个元素的一维数组的下标范围是________。
4. 定义一个整型数组并分配 3 个整型数据占有的内存空间，语句的格式是________。
5. 把 4 行 5 列整型数组赋给 TArray 的语句是________。
6. 在下列程序段的________上填空，使程序段①和程序段②的结果相同。

①

```
if ______________  min = a;
else if ___________min = b;
else min = e;
```

②

```
min = a;
if ________________ min = b;
if ____________ min = c;
```

7. 下列程序段运行之后 array 数组的值是________。

```
//method definiton
public static void aMethod ( int [ ] a){
   for ( int i = 0;i < a. lenght;i ++ ){
   a[i] = a[a. 1ength/2 + I ];
   }
}
//maln method
Public statlc void maln (Strlng args[ ] ){
     //array definition
   Int[ ]array = int[3];
   array[0] = 1;
   array[1] = 2;
   array[2] = 3;
   aMethod(array);
}
```

3.2.4 简述题

1. 判断下列语句是否是合法的语句，不合法的语句请指出错误之处。

① if(x >0)then x = x +1; else x = x -1;

② if(x >0)x = x +1; else x = x -1;

③ if x >0 x = x +1; else x = x -1;

④ if(x >0) if (x <= 10) x = x +1; else x = x -1;

2. 整型变量 x 和 y 分别被初始化为 3 和 100，下列语句的循环共执行多少次？执行结束后 x 和 y 的值各是多少？

① while (x <= y) x = 2 * x;

② do{

```
   x = 2 * x;
}while(x < y);
```

③ while(y/x >5) if (y - x >25)x = x +1; eise y = y/x;

3. 用流程图描述 for、while 和 do-while 三种循环语句。

4. 根据学生成绩评定等次。90 分及以上为优秀，70 ~ 90 分为优良，60 ~ 70 分为及格，60 分以下为不及格，算法流程如图 3.1 所示。要求：①用 if 语句写出其主要代码；

②利用“多路分支”改写算法流程图。

5. 图3.2是一个二维数组示意图，请在“[ ]”内填上数字；并回答是几行几列。

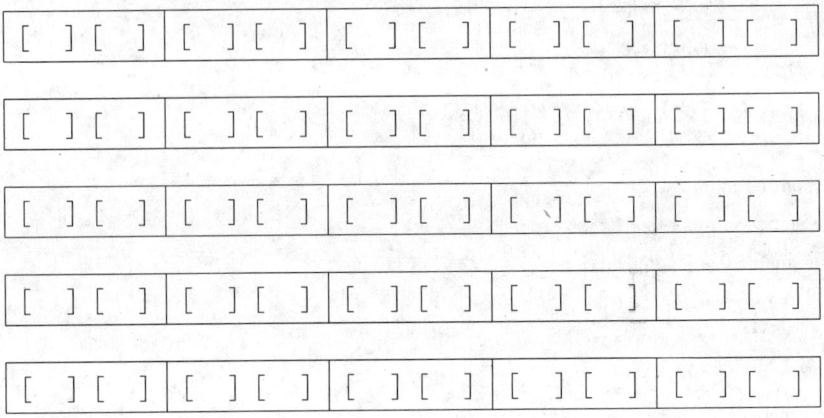

[ ][ ]	[ ][ ]	[ ][ ]	[ ][ ]	[ ][ ]
[ ][ ]	[ ][ ]	[ ][ ]	[ ][ ]	[ ][ ]
[ ][ ]	[ ][ ]	[ ][ ]	[ ][ ]	[ ][ ]
[ ][ ]	[ ][ ]	[ ][ ]	[ ][ ]	[ ][ ]
[ ][ ]	[ ][ ]	[ ][ ]	[ ][ ]	[ ][ ]

图3.2　二维数组示意图

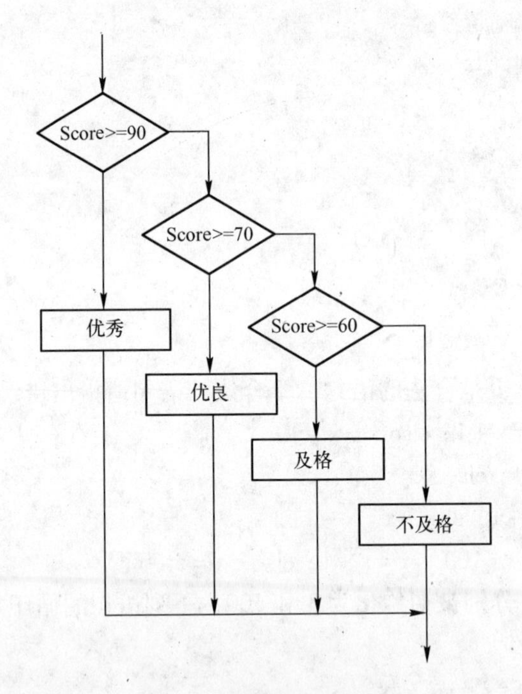

图3.1　成绩评定流程图

3.3 程序设计题

1. 分支语句（1）

求2009年是否是闰年。

注意：闰年计算公式为　普通年 ÷4 = 整数 = 闰年
　　　　　　　　　　　世纪年 ÷400 = 整数 = 闰年

2. 分支语句（2）

用 switch 结构实现计算器的功能。

3. 循环语句（1）

求百、十、个位数的立方和就是该三位数的数。

4. 循环语句（2）

计算 1 ~20 的阶乘的和。

5. 一维数组（1）

输入一维数组｛78，52，64，92，36，81，28，16｝，并求最大值和最小值。

6. 一维数组（2）

输出 10 个数组并排序。

7. 多维数组（1）

用动态建立二维数组的方式输出 8 行杨辉三角形数据。

8. 多维数组（2）

求矩阵｛57，35，－28｝，｛32，25，43｝，｛84，17，69｝的和。

第4章 Java语言面向对象编程

面向对象可以说是Java语言重要的特性之一。Java语言的编程是完全面向对象的，它通过类、对象等概念来组织和构建程序。因此，面向对象的设计思想、概念、方法是学习Java语言编程的基础。本章主要练习类、对象、接口、包等相关概念的应用。

4.1 练习提要

4.1.1 类和对象

Java程序中的代码都是类和对象的组成部分。通过类来建立该类对象的原型，对其状态和方法进行封装，实行模块化和信息隐藏；而通过创建类的实例来创建该类的对象，并赋予各个对象不同的值以实现对象不同的个性。

1. 类和对象的关系

Java程序中任何代码都是整个类和对象的组成部分，对象是一个根据类所提供的模板加工而成的实体，类具有用来加工它的对象的全部规范。对象是真实存在的，而类只是概念上的，它是现实实体——对象的抽象。类与对象的关系可形象地表示为汽车生产图纸类和汽车对象，汽车对象只有通过汽车生产过程才能变成真实的对象。

2. 类的声明

格式：[修饰符] class 类名 [extends 父类名] [implements 接口名]

```
        {
        类实体
        }
```

功能：实现类的声明。

3. 成员变量的声明

格式：[修饰符] 变量类型 变量名 [=变量实值]
功能：实现成员变量的声明。

4. 方法的声明

格式：[修饰符] 返回值类型 方法名(参数列表)

```
{
局部变量声明;
语句序列;
}
```

功能：实现方法的声明。

5. 对象的生成与使用

格式：类名 对象名 = new 构造函数(参数序列)

功能：为某个类创建一个对象。

4.1.2 重载

当调用类的方法时，实际参数必须与方法的参数相匹配。但为了使类的方法有更大的灵活性，可以同时声明多个名称相同、参数不同的方法，这就是多态。要实现类的多态性，就要使用方法的重载。掌握重载的基本思想有利于灵活地编写程序。

4.1.3 继承

继承实质上就是从一个类中派生出另一个类，其中前者称为父类，后者称为子类，子类获得父类的状态与行为，同时也可以对父类进行覆盖，获得新的功能。所以，子类代表父类的一种增强或改进。通过类的继承，可以开发复杂的程序。

1. 子类的创建

格式：[访问修饰符] class 类名 extends 父类名

```
{
类实体
}
```

功能：在父类的基础上创建一个子类。

2. 方法的覆盖

覆盖是指子类使用新的方法来代替父类原有的方法，以提供更为完整、功能更强的方法。其做法是在子类中声明一个与父类具有相同的名称、相同的参数表和相同的返回类型的方法。

3. 特殊变量 this 和 super

Java 语言中有两个特殊变量 this 和 super，this 是用来引用当前对象的，而 super 则用来引用当前对象的父类。

4. abstract 和 final

使用 abstract 声明的类称为抽象类，它只能繁衍子类，而且它的方法也必须在衍生出来的类中进行覆盖；而使用 abstract 修饰的方法是只有方法头，没有具体的方法体和操作来实现的抽象方法，其具体实现是在当前类繁衍子类的类定义部分完成的，抽象方法必须声明在抽象类中。使用 final 声明的类则不可有子类；而使用 final 修饰的方法是功能与内部语句不能被更改的最终方法。

4.1.4 接口

接口用来定义多个类希望实现的变量和方法，然后在声明时使用要实现的接口，并通过重载接口的所有方法，实现各个类想要实现的功能。

1. 接口的定义

格式：[访问修饰符] interface 接口名 [extends 接口名，接口名…]

{
接口体
}

功能：实现接口的定义。

2. 接口的实现

格式：[访问修饰符] class 类名 [implements 接口名1,接口名2…]

{
类实体
}

功能：在声明类时，使用已有接口。

4.1.5 包

包是一个相关类和接口的集合，不同的包允许相同的类名出现，通过“包名.类名”的形式，可以进行类名空间的管理，从而避免冲突。此外，还可以引入其他包中的类，利用已有资源进行程序设计，更有效地促进软件开发。

1. 包的创建

格式：package 包名1.[包名2[.包名3…]]；
功能：用于包的创建。

2. 包的引用

格式：import 包名1.[包名2[.包名3…]].(类名|*)；
功能：引入某个包中的类。

4.1.6 访问修饰符

1. 友好访问修饰符 friendly

它是默认的访问修饰符，使用 friendly 修饰的成员变量和方法在本包类中是可见的，可被同一包中的所有其他类所访问，但在其他包中不可见。

2. 公有访问修饰符 public

使用 public 修饰的成员变量和方法是一个公有变量和公有方法，它能被所有其他类引用，其安全性与数据封装性较低，应减少使用。

3. 私有访问修饰符 private

使用 private 修饰的成员变量和方法称为私有变量和私有方法，它只能被该类自身访问，其他任何类（包括子类）都不能访问它。

4. 保护访问修饰符 protected

使用 protected 修饰的成员变量和方法称为保护变量和保护方法，它可以被 3 种类引用：该类本身、同一包中的其他类、其他包中该类的子类。

5. 静态修饰符 static

使用 static 修饰的成员变量称为静态变量或类变量，用 static 修饰的方法则是静态方法或类方法，它们为该类的所有对象所共有，即不需要对类的对象进行实例化就可以访问这些方法和变量。

4.2 基础练习

4.2.1 判断题

1. 类定义中的类名要用合法的标识符。
2. 包用来存放预定义类的目录，所以预定义类时，不用先确定包。
3. 创建一个新的类就是创建一个新的数据类型。实例化一个类，就得到一个对象。
4. 一个子类可以有多个父类。
5. 一组相关的类和接口集合称为包，所以，包就是将类和接口组织成层次结构。
6. 要访问类或封装在类中的数据和代码，不需要访问权限。
7. 修饰符是让对象访问类时有更大的权限。
8. 不同的包允许相同的类名出现，但要通过“包名．类名”的形式进行类名空间的管理。

9. 接口不可以有多个父接口。

10. 多个名称相同、参数不同的方法就是多态。要实现类的多态性，可以使用重载。

4.2.2 选择题

1. 修饰符 private 可以被________访问。

   A. 所有的类　　B. 不同包中的子类　　C. 不同包中的非子类　　D. 同一个类

2. ________是一个根据________所提供的模板加工而成的实体，是真实存在的，而________只是概念上的，它是现实________对象的________。它们的关系可形象地表示为建筑设计图纸________和房子________，只有通过建筑施工过程才能变成真实的________。(注意，同一答案可以多次选择)

   A. 对象　　B. 类　　C. 抽象　　D. 实体

3. 下列叙述中，错误的是________。

   A. 接口与类的层次无关
   B. 通过接口可说明类所实现的方法
   C. 通过接口可了解对象的交互界面
   D. 接口与存储空间有关

4. 下列叙述中，错误的是________。

   A. 父类不能替代子类　　B. 子类能够替代父类
   C. 子类继承父类　　D. 父类包含子类

5. 下列关于继承叙述中，错误的是________。

   A. 从已存在的类中扩展出一个具有其功能的新类
   B. 创建子类，并继承父类，但不能覆盖父类
   C. 子类获得父类的状态与行为
   D. 子类可以获得新的功能

6. 下列关于重载叙述中，错误的是________。

   A. 实现类的多态
   B. 同时声明多个名称相同但参数不同的方法
   C. 不能应用于程序中所有的成员方法
   D. 可应用于程序中所有的成员方法，但不包括析构方法

7. 下列关于包的叙述中，错误的是________。

   A. 一个相关类和接口的集合
   B. 通过“包名.类名”的形式管理类
   C. 不同的包不允许相同的类名出现
   D. import 是引用包的关键字

8. 下面类的定义中，________成员变量或者成员方法是可以被同一包内的其他非子类所引用的。

```
package org;
public  class  myClass  {
    private int x;
    private double y;
    Public boolean var;
    private int getX( )  {
    Protected double getY( )  {
    }
    public boolean getVar( )  {
    }
}
```

A. x、y　　B. var、getVar（）　　C. getX（）　　D. getY（）

9. 以下的类（接口）定义中正确的是________。

A.

```
public  class  a  {
    private int x;
    public  getX( )  {
        return x;
    }
}
```

B.

```
public abstract class a {
    private  int x;
    public  abstract int getX( );
    public  int  aMethod( )  {
    return 0;
    }
}
```

C.

```
puplic class a {
    private int x;
    publlc abstract int getX( ) ;
    }
}
```

D.

```
public interface interfaceA {
    private int x;
    public int getX()  {
    return x;
    }
}
```

10. 已知A类被打包在packageA，B类被打包在packageB，且B类被声明为public，有一个成员变量x被声明为protected控制方式，c类也位于packageA包，并继承了B类。则以下说法中正确的是________。

A. A类的实例不能访问到B类的实例

B. A类的实例能够访问到B类一个实例的x成员

C. C类的实例可以访问到B类一个实例的x成员

D. C类的实例不能访问到B类的实例

4.2.3 填空题

1. Java程序中通过________关键字创建类名，再通过________关键字实例化对象。

2. 类的________变量描述类的属性和状态等静态信息，________描述类的操作和事件等动态信息。

3. 继承实质上就是从一个类中派生出另一个类，前者称为________类，后者称为________类，其中________类更强大。

4. 用关键字________定义接口，关键字________实现接口。

5. 下面的程序段是表示________。

```
package Family;
class Father
{
    …
}
```

6. 用________修饰的方法是类方法，不需要对类的对象进行实例化就可以访问。

7. Java语言中有两个特殊变量________和________，其中________是用来引用当前对象的；而________则用来引用当前对象的父类。

8. 方法的重载可应用于程序中所有的成员方法，包括________方法，但不包括________方法。

9. 在下面程序段的________填空，完善类Rect的定义，使得类能完成注释中的功能。

```
//类 Rect 的定义
//完成矩形面积和周长的计算
//边长为整型数据
public class Rect {
//矩形的宽
private ____width;
//矩形的高
Private ____height;
//构造方法,初始化一个矩形
public Rect (iht w, iht h) {
    ____________;
    ____________;
}
//计算矩形面积
public ink getS( ) {
    int s;
    ____________;
    return s;
}
//计算矩形周长
public int getL( ) {
    int l;
    ____________;
    return l;
  }
}
```

10. 实发工资 = 基本工资 + 加班工资 - 水电房费，在下列________上完善类的成员变量、成员方法的声明，以便计算实发工资。

```
//成员实例变量声明
  double jbgz;            //基本工资
  double jb;              //加班费
  double fsd;             //水电房费
  //成员方法声明
  public double add( ____________ ) {
      double sfgz;        //实发工资变量
      sfgz = jbgz + ib - fsd;
     return ____;
    }
}
```

4.2.4 简述题

1. 上网查询，除了 Java 以外，还有哪些程序设计语言也是属于面向对象的？
2. Java 继承机制主要是通过什么实现的？
3. 为什么要引入“包”机制？
4. 用表格把成员变量和方法的访问权限作归纳总结。
5. 在 Java 程序中，一个类被声明为 final 类型，表示了什么意思？
6. 类的声明中，包括哪些属性？
7. 比较 this 和 super 这两个变量的功能有什么不同？
8. static 是一个什么变量？如果要用它声明圆周率，请写出语句。
9. 为什么类和对象之间是可以互相转换的？
10. 类与接口在定义上有什么区别？

4.3 程序设计题

1. 类和对象（1）

创建 String 类对象，引入 a 、b、c 对象。

2. 类和对象（2）

对象做方法参数时的引用调用。

3. 重载（1）

重载的构造方法。

4. 重载（2）

用方法重载求圆、矩形和三角形的面积。

5. 继承

用类的继承求圆、矩形和圆角矩形的周长、面积。

6. 接口（1）

演示接口的使用。

7. 接口（2）

实现多个接口。

8. 包

通过包统计点击次数。

9. 访问修饰符

利用访问修饰符使用不同类的各种方法。

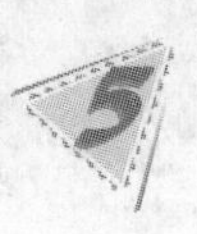

第5章 Java语言异常处理

异常，就是应用程序在运行过程中出现的错误或非正常的意外情况。导致异常发生的原因有许多，如数组下标越界、空指针访问、试图读取不存在的文件、数学除零等。在Java 语言中，异常处理机制由编译器强制执行，通过这种处理方式，程序代码的可读性和调试都极为简捷。本章主要练习异常处理的应用。

5.1 练习提要

5.1.1 异常和异常类

1. 异常的本质

Java 语言是一种完全面向对象的程序设计语言，一切都按照对象来处理。异常作为在程序运行过程中发生的错误或非正常情况，其实质也是一个对象，也是一个对象占用着内存的某块区域。

2. 对象的类层次结构

在 Java 语言中，每一种异常对象都属于某一种特定的异常类，分为两种子类：一种继承自类 Error，这类异常通常不由程序员来捕获和处理；另一种异常继承自类 Exception，这种异常程序员有恢复和控制的可能。在 Exception 类异常中，又分为运行时异常（继承自 RuntimeException）和非运行时异常，通常程序中不处理运行时异常，而是把它交给运行系统处理。其他继承自 Exception 的子类都是非运行时异常，对于这类异常，Java 编译器要求程序员必须处理（包括捕获或声明抛弃）。

与异常相关的类位于 java. lang 包中，所有的异常类都继承自类 Throwable，具体的层次结构如图 5. 1 所示。

3. 异常类的方法和属性

(1) 异常类的构造函数

Exception 类的构造函数有两个：public Exception( )；和 public Exception（String s)；。其中后一个函数可以接收字符串参数 s 传入的信息，该参数一般表示异常对应的错误描述。

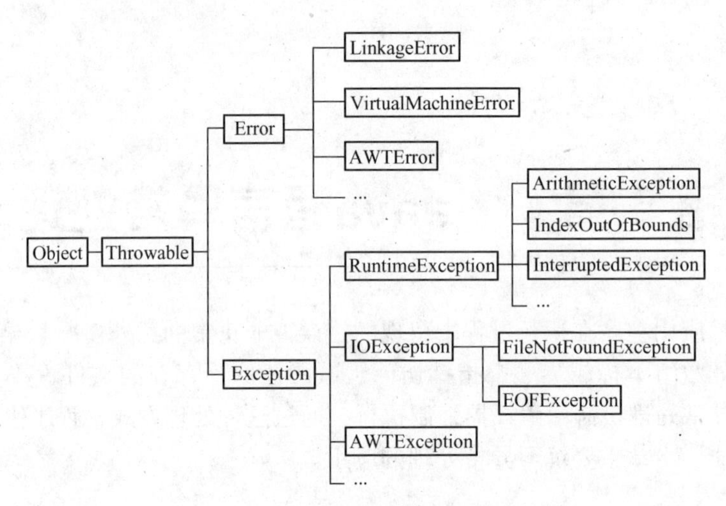

图 5.1 Java 语言的异常类层次结构图

(2) 异常类的方法

Exception 类继承自父类 Throwable，同时也继承了若干方法，其中常用的有三种。

格式 1：public String toString( )

功能：返回描述当前异常对象信息的详细字符串。

格式 2：public String getMessage( )

功能：返回描述当前异常对象信息的详细信息。

格式 3：public void printStackTrace( )或 public void printStackTrace （PrintStream）

功能：该方法没有返回值。

5.1.2 异常处理的几个语句

1. try 和 catch 语句

格式：

```
try
    {
        …      被监视的代码段,可能发生异常     //try 语句
    }
        catch(ExceptionTypel el)            //要捕获的第一种异常类型
            异常的处理过程                   //异常处理 1
    {
        …      被监视的代码段,可能发生异常     //try 语句
    }
        catch(ExceptionType2 e2)            //要捕获的第二种异常类型
            异常的处理过程                   //异常处理 2
    {
        …      被监视的代码段,可能发生异常     //try 语句
    }
```

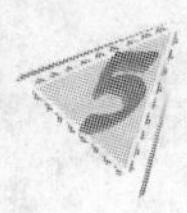

```
    catch(ExceptionType3 e3)                //要捕获的第三种异常类型
            异常的处理过程                    //异常处理3
    …
```

功能：try 内的语句一旦发生异常，程序将不执行 try 语句块中剩余的部分，而跳转到相应的 catch 结构进行处理。如果没有异常，程序将正常运行，不执行 catch 结构。

说明：在 try 语句块和 catch 语句结构中可以有多个 catch 语句，这是因为程序运行的过程中可能会发生多种不同的异常。另外，try 语句也可以有嵌套。

2. finally 语句

格式：

```
try
{   可能产生异常的代码段；    }
catch(异常类名1   对象名1)
{   处理过程1;               }
catch(异常类名2   对象名2)
{   处理过程2;               }
finally
{
最终处理语句;
}
```

功能：不管异常是否发生，finally 语句总会在程序结束之前被执行，即使没有 catch 语句，finally 语句块也会在执行 try 语句块后的程序结束前执行。

说明：每一个 try 语句都需要至少一个与其相配的 catch 语句或 finally 语句。

3. throw 和 throws 语句

（1）throw 语句

格式：

```
throw 异常对象
```

功能：明确抛出一个异常，然后在包含它的所有 try 语句块中从内向外寻找与其匹配的 catch 语句块。

（2）throws 语句

格式：

```
〈方法名〉(〈参数行〉)[throws〈异常类1〉,〈异常类2〉...]
{if  (异常条件1成立)
    throw new 异常类1( );
  if (异常条件2成立)
```

```
        throw new(异常类2( ):
        ...
    }
```

功能：发生异常不处理，由调用者处理。throws 只用于通告可能引发的所有异常。多个异常之间用逗号进行分隔。

5.1.3　定义自己的类

尽管 Java 类库中提供了丰富的异常类型，能够满足多种需要。但如果自定义的异常类必须继承现有的类，即自定义的异常必须直接或间接地派生自 Throwable 类，一般的做法是选用 Exception 类作为新的异常类的超类。

5.2　基础练习

5.2.1　判断题

1. Java 语言的异常实质是数组下标越界。
2. 异常相关的类位于 java. lang 包中。
3. 异常类也有自己的方法和属性。
4. 所有的异常类都有继承性，并继承自类 Error。
5. 自己可以定义异常类。
6. try 用来尝试语句是否发生异常，如果有异常，就由 catch 捕获并处理。

5.2.2　选择题

1. 当方法遇到异常又不知如何处理时，下列________做法是正确的。

   A. 捕获异常　　B. 抛出异常　　C. 声明异常　　D. 嵌套异常

2. 若要抛出异常，可以用下列________子句。

   A. catch　　B. throw　　C. try　　D. finally

3. 对于 catch 子句的排列，下列________是正确的。

   A. 父类在先，子类在后

   B. 子类在先，父类在后

   C. 有继承关系的异常不能在同一个 try 程序段内

   D. 先有子类，其他如何排列都无关

4. 自定义的异常类可从下列________类继承。

   A. Error 类　　B. AWTError

   C. VirtualMachineError　　D. Exception 及其子集

5. 在编写异常处理的 Java 程序中，每个 catch 语句块都应该与________语句块对应，使得用该语句块来启动 Java 的异常处理机制。

   A. if-else　　B. switch　　C. try　　D. throw

5.2.3 填空题

1. 为下面程序段的下画线填空，使之能够编译通过，异常被打印到错误流。

```
try {
    someMethod
} catch (________________)
    ioe. printStack ( )
}
```

2. 下面是0作除数的一段代码，为使代码能正常运行，请为程序段的下画线填空。

```
try{
        int  b = 3/0;          // 此段代码将引发异常
        System. out. println("程序正常运行结束!");
    } catch(________________)  {          //处理异常
        System. out. println("发现0作除数的错误");
    }  finally{
        System. out. println("程序已处理各种可能!");
```

3. 异常处理是对程序运行过程中可能产生的错误进行捕获处理的机制。在Java语言中，主要是通过________和________方式捕获并处理异常，通过________或________语句抛出异常。

4. 在下列程序段下画线填空，以便逐层捕获异常并抛出。

```
{
static void demoproc( )  {
        try  {
          ____ new NullPointerException ("异常测试");   //生成一个异常
        }  ____  (NullPointerException  e)  {
           System. out. println("第一级捕获到异常");
           Throw   e;     //再次抛出异常
          }
        }
         public static   void main(String args[  ]){
          ____{
               demoproc( );
          }  catch  (____________)  {  //捕获到异常 e
             System. out. println ("第二级捕获的异常信息!" + e);          }
        }
    }
```

5. catch 子句的形式参数，指明所捕获的异常类型，该类型必须是________类的子类。

5.2.4 简述题

1. Java 中的异常分为哪几种类型？位于哪个包中？
2. 指出下列关于异常代码的错误。

```
class ThrowsDemo
{
    static void throwOne( )
    {
        System.out.println("Inside throwOne.");
        throw new IllegalAccessException("demo");
    }
public static void main(String args[ ])
{
        throwOne( );
    }
}
```

3. 试分析 final、finally 与 finalize 的区别。
4. 简述异常处理的基本原则。

5.3 程序设计题

1. 异常和异常类

设计一个不完善的除法计算器——没有余数的计算器。

2. 异常的捕获和处理

设计一个完善的除法计算器——有余数的计算器。

3. 自定义异常类

设计一段当除数为零时异常处理的程序。

第6章 Java语言多线程编程技术

支持多线程编程是Java语言的一大特色。单线程编程即一个程序只有一条执行路线。如果在同一个时间有多条路线要执行，就要采用多线程编程。本章主要练习Java语言多线程技术的应用。

6.1 练习提要

6.1.1 线程及多线程的创建

1. 线程的概念

(1) 线程

线程指的是程序内部的执行流，线程本身并不是程序，自身不能运行，必须在程序中运行。线程也是一个抽象的概念，它包含了一个计算机执行程序时所做的每一件事情，线程在某一瞬时看来只是计算过程的一个状态。

(2) 程序、进程与线程的关系

程序是一段静态的代码，它是应用软件执行的蓝本。

进程是程序的一次动态执行过程，它对应了从代码加载、执行到执行完毕的一个完整过程，这个过程也是进程本身从产生、发展到消亡的过程。作为执行蓝本的同一段程序，可以被加载到系统的不同内存区域分别执行，形成不同的进程。

线程是比进程更小的执行单位。一个进程在其执行过程中，可以产生多个线程，形成多条执行线索。每条线索，即每个线程也有它自身的产生、存在和消亡过程，也是一个动态的概念。

2. 多线程的创建

Java. lang包中的Thread类是Java多线程程序设计的基础，创建线程与创建普通类的对象的操作是一样的。线程的行为由线程类的run()方法来定义。运行系统通过两种途径提供run()方法来实现：继承Thread类和实现Runnable接口。

(1) 继承Thread类

即通过继承Thread类，并在子类中重写继承的run()方法，然后创建该子类的对象，最后启动该线程。

该方法简单明了，也比较符合线程的概念。但如果用户的类已经从一个类继承了，则无法再继承 Thread 类，这是其缺点。

(2) Runnable 接口的类

即通过在类中定义一个实现 Runnable 接口的类，并在该类中定义自己的 run（）方法，然后以该类的实例对象为参数调用 Thread 类的构造方法。

该方法较灵活、实用。

6.1.2 线程状态的转换及优先级

1. 线程状态的转换

当线程被创建后，线程就处于其生命周期中。在不同的生命周期阶段，线程处于不同的状态，可以在程序中对线程状态进行各种控制操作，这些操作是用 Thread 类中的方法实现的，图 6.1 所示的是线程的各种状态及从一个状态转化为另一个状态时需要进行的控制操作。

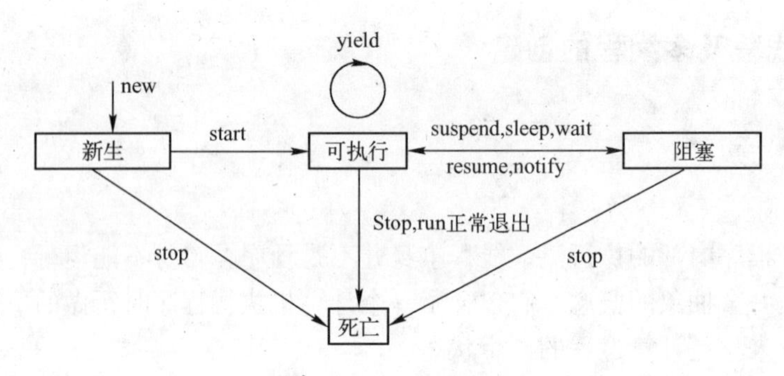

图 6.1　线程状态转换图

(1) 新生（new）

创建线程后而不马上启动，此时线程就处于新生状态。此时的线程仅仅是一个空的线程对象，它还没有被分配相关的系统资源，只能使用 start( ) 和 stop( ) 两种控制操作。其中 start( ) 为新创建的线程建立必要的系统资源，并使线程的状态从新生转化为可执行；而 stop( ) 则用来杀死一个线程。

(2) 可执行（Runnable）

线程正在运行，并拥有了对 CPU 的控制权。其中的 start( ) 方法将在不同的阶段分别执行不同的任务。

(3) 阻塞（Not Runnable）

一个处于可执行状态的线程若遇到以下 4 种控制操作或事件时将转化为阻塞状态，采用相应的方法则能转化为可执行状态。

① 调用 suspend( ) 方法，将线程挂起，再调用 resume( ) 方法，将线程状态转化为可执行状态。

② 调用 sleep( ) 方法，使线程处于睡眠状态；在指定的时间结束以后，线程状态自动恢复为可执行状态。

③ 调用 wait()方法，使线程停止执行，等待某个条件发生；使用 notify()或 notifyAll()方法通知该线程恢复为可执行状态。

④ 等待某个输入/输出操作，在指定的输入/输出命令完成以后则自动恢复为可执行状态。

(4) 死亡（Dead）

使一个线程“死亡”的方法有两种：一种是调用 stop()方法杀死这个线程，该方法实际上是产生了 ThreadDeath 异常，当线程实际接收到该异常后才真正死亡；另一种是调用 run()方法完成任务后正常退出。

在线程中，如果调用了在当时线程的状态下不允许执行的控制方法，则运行系统将抛出 IllegalThreadstateException 异常。

线程类中包含了一个 isAlive()的方法，可用来判断一个线程是否正在运行。如果线程已经启动并且没有停止，调用 isAlive()方法将返回真，否则返回假。

2. 线程的优先级

多线程系统会根据线程的轻重缓急，自动给每个线程分配一个线程的优先级。优先级低的线程只能等到优先级高的线程执行完后才被执行。对于优先级相同的线程，则遵循队列的“先进先出”原则，即先到的线程先获得系统资源来运行。

在 Java 语言中，对一个新建的线程，系统会默认分配为普通优先级。优先级用一个整数（1~10）表示。Thread 类也提供了方法 setPriority()来修改线程的优先级。该方法的参数一般可用 Thread 类的优先级静态常量：

PRIORITY. NORM_PRIORITY 表示普通优先级(5)

PRIORITY. MIN_ PRIORITY 表示普通优先纵(1)

PRIORITY. MAX_PRIORITY 表示普通优先级(10)

6.1.3 线程同步

线程同步的基本思想就是避免多个线程对同一资源的同时访问。在编写多线程程序时，如果不能正确控制线程的同步，可能会产生意想不到的后果。

1. 用关键字 Synchronized 定义数据临界区

在多线程程序设计中，不能被多个线程并发执行的代码段称为临界区，这样当某个线程已经在临界区中时，其他的线程就不允许再进入临界区。

格式：synchronized <expression> statement

功能：定义临界区。

说明：expression 是对象或类的名字，它是可选的；statement 既可以是一个方法定义，也可以是一个语句块。当用 synchronized 来定义方法时，该方法称为同步方法。同理，当用 synchronized 来定义语句块时，该语句块称为同步块。

2. 用 wait( )、notify( )及 notifyAll( )方法发送消息实现线程间的相互联系

notify( )和 wait( )方法都是 java. lang. Object 类中的方法。

wait( )方法的功能是使当前的线程处于等待状态，该线程将一直等到另一个线程调用 notify( )方法通知它时为止。wait( )方法和 notify( )方法配合使用可以有效地协调多个需要共享资源的线程的活动。

3. 程序出现死锁的原因及避免的策略。两个或多个线程出现无止境的互相等待，从而导致死锁；错误的同步而导致的死锁。避免死锁的策略：在指定的任务真正需要并行时，才采用多线程进行程序设计；在对象的同步方法中需要调用其他同步方法时务必小心；在临界区中的时间要尽可能得短，需要长时间运行的任务尽量不要放在临界区中。

6.2 基础练习

6.2.1 判断题

1. 创建线程与创建普通类的对象的操作是一样的。
2. 处于新生状态的线程只能使用 start( )而不能使用 stop( )控制。
3. 下列 A 段代码和 B 段代码的效果是等价的。

A

```
    void method( )
    {
        synchronized( this )
        {
        //临界段代码
            …
        }
    }
```

B

```
synchronized void method ( )
{
//临界段代码
        …
    }
```

4. 在不同的生命周期阶段，线程处于不同的状态。
5. 线程同步的基本思想就是避免多个线程对同一资源的同时访问。

6.2.2 选择题

1. 下列方法中可以用来创建一个新线程的是________。

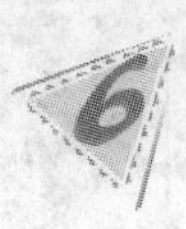

A. 实现 java. lang. Runnable 接口并重写 start( )方法
B. 实现 java. lang. Runnable 接口并重写 run( )方法
C. 继承 java. lang. Thread 类并重写 run( )方法
D. 实现 java. lang. Thread 类并实现 start( )方法

2. 下列关于线程优先级的说法中，正确的是________。
A. 线程的优先级是不能改变的
B. 线程的优先级是在创建线程时设置的
C. 在创建线程后的任何时候都可以设置线程优先级
D. B 和 C

3. Thread 类的________方法实现线程的终止操作。
A. destroy( )　　B. stop( )　　C. end( )　　D. suspend( )

4. 处理线程间通信等待和通知的方法是________。
A. wait( )和 notify( )　　B. start( )和 stop( )
C. FHU( )和 stop( )　　D. wait( )和 suspend( )

5. 以下________不属于线程处于的状态。
A. 新生状态　　B. 可执行状态　　C. 阻塞状态　　D. 独占内存

6.2.3 填空题

1. Java 中实现创建线程的方法有继承____________类和____________接口类。

2. 线程所处的状态有 5 种，它们是________、________、________、________和________。

3. Thread 类中对线程进行控制的方法有________、________、________、________和________。

4. 用于同步的关键字是________。

5. 以下程序段是声明同步的一种方式。在下画线里填上关键字，将方法声明同步。

```
class  store
{
public  ________________ void  store_in()
{
     ...
}
public  ________________ Void  store_ out(){
   ...
}
}
```

6. 调用________方法，使线程停止执行，以便等待某个条件发生。

6.2.4 简述题

1. 试区分线程与进程。

2. 试说明为什么要对线程做同步操作。
3. 要解决死锁现象，应该采用什么样的编程策略?
4. 试分析线程在阻塞状态下转为可执行状态的操作。
5. 简述两种多线程创建的特点。

6.3 程序设计题

1. 线程的创建

创建多线程实例。

2. 线程的状态及调度

利用线程的状态设计滚动的字符串。

3. 线程同步

利用线程的同步设计定时器。

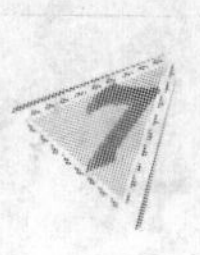

第7章　Java语言输入/输出流

在计算机操作中，如读写硬盘数据、向显示器输出数据及在网络连接进行信息交互时，都会涉及有关输入/输出的处理。Java语言的输入/输出是以流的形式出现的，并提供了大量的类来对流进行操作，从而实现输入/输出功能。本章主要练习流的输入/输出应用。

7.1　练习提要

7.1.1　Java语言的输入/输出流

1. 输入/输出流综述

（1）输入/输出流的概念

流是指字节数据或字符数据序列，Java语言采用输入流对象和输出流对象来支持程序对数据的输入和输出。提供输入数据的设备称为源点，接收输出数据的设备称为终点。输入流对象提供数据从源点流向程序的“管道”，输出流对象提供数据从程序流向终点的“管道”。

（2）基本输入/输出流类

在Java语言开发环境中，java.io包为用户提供了几乎所有常用的数据流，因此在所有涉及数据流操作的程序中都会在程序的最前面出现语句“import java.io.*;”。java.io包中包含了InputStream和OutputStream两个最基本的类，Java语言中所有其他的流类都继承自这两个类。表7.1列出了比较常见的输入/输出流类。

表7.1　常见输入/输出流类

类　名	说　明
InputStream	基本输入流
BufferedInputStream	基本缓冲区输入流
DataInputStream	读取原始数据类型的输入流
FilterInputStream	在基本输入流中增加新功能的抽象输入流
FileInputStream	文件输入流
ByteArrayInputStream	字节数组输入流
PushbackInputStream	允许在字节被读取之后将该字节压回流中的输入流
PipedInuputStream	用于线程通信的管道输入流

续表

类　名	说　明
SequenceInputStream	将两个输入流组合成一个的输入流
OutputStream	基本输出流
PrintStream	显示文本的输出流
BufferedOutputStream	基本缓冲区输出流
DataOutputStream	写入原始数据类型的输出流
FileOutputStream	基本文件输出流
FilterOutputStream	在基本输出流中增加新功能的抽象输出流
ByteArrayOutputStream	字节数组输出流
PipedOutputStream	用于线程通信的管道输出流
File	文件类
FileDescriptor	包含关于文件信息的类
RandomAccessFile	可随机访问的文件类

这些流类并不是杂乱地堆积在一起的，它们之间存在着的继承关系如图 7.1 所示。

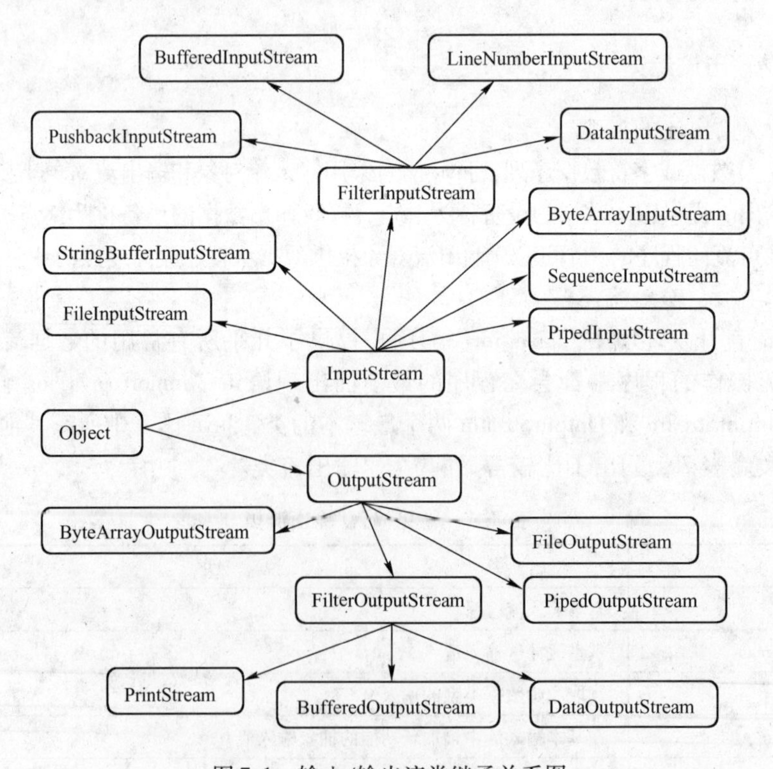

图 7.1　输入/输出流类继承关系图

按照处理数据的类型来分，基本输入/输出流类可以分为字节（byte）流和字符（char）流。其中，基本输入字节流类是 InputStream，基本输出字节流类是 OutputStream；基本输入字符流类是 Reader，基本输出字符流类是 Writer。

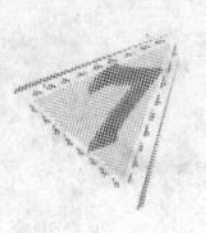

① InputStream 类是基本的输入流，表 7.2 列出的是 InputStream 类的主要方法。

表 7.2 InputStream 类的主要方法

方 法	备 注
int available( )	返回当前流中可用的字节数
void close( )	关闭当前流对象
void mark (int readlimit)	在流中做标记
boolean markSupported( )	判断流是否支持标记和复位操作
abstract int read( )	从流中读出一字节的数据
int read (byte [ ] b)	从流中读取数据并存放到数组 b 中
int read (byte [ ] b, int off, int len)	从流中指定地方开始读取指定长度的数据到数组 b 中
void reset( )	返回流中标记过的位置
long skip (long n)	跳过流中的指定字数

② OutputStream 类是基本的输出流，表 7.3 列出的是 OutputStream 类的主要方法。

表 7.3 OutputStream 类的主要方法

方 法	备 注
void close( )	关闭当前流对象
void write (byte [ ] b)	向流中写入一字节数组
void write (byte [ ] b, int off, int len)	向流中写入数组 b 中从 off 位置开始长度为 len 的数据
abstract void write (int b)	向流中写入一字节
void flush( )	强制将缓冲区中的所有数据写入流中

2. System 类与标准输入/输出

System 类管理标准输入/输出流和错误流，其所有属性和方法都是静态的，即调用时需要以类名 System 为前缀。其中，System. in 从 InputStream 中继承而来，用于从标准输入设备（通常是键盘）中获取输入数据；System. out 从 PrintStream 中继承而来，用于把输出数据送到默认的显示设备（通常是显示器）中；System. err 也是从 PrintStream 中继承而来，用于把错误信息送到默认的输出设备（通常是显示器）中。

(1) 标准输入方法

格式：System. in. read( )

功能：从键盘读入数据。

说明：① System. in. read( )语句必须包含在 try 块中，且 try 块后面应该有一个可接收 IOException 异常的 catch 块。

② 执行 System. in. read( )方法时，返回的是 16 位的整型数据，其低位字节是真正输入的数据，高位字节全是零。

③ 当键盘缓冲区中没有可供读取的数据时，执行 System. in. read( )将导致系统转入阻塞（block）状态。在阻塞状态下，当前流程将停留在上述语句位置，整个程序被挂起，

等用户输入一个键盘数据后，才能继续运行下去，所以程序中有时利用 System. in. read( ) 语句来达到暂时保留屏幕的目的。

(2) 标准输出方法

标准输出 System. out 是打印输出流 PrintStream 类的对象，PrintStream 是过滤输出类流 FilterOutputStream 的一个子类，其中定义了向屏幕输送不同类型数据的方法 println( ) 和 print( )。

① println( )

格式：public void println（类型、变量或对象）

功能：向屏幕输出其参数指定的变量或对象，然后再换行，使光标停留在屏幕下一行第一个字符的位置。

说明：如果 println( ) 方法的参数为空，则输出一个空行。Println( ) 方法可输出多种不同类型的变量或对象，包括 boolean、double、float、int、long 类型的变量，以及 Object 类的对象。

② print( )

格式：public void print（类型、变量或对象）

功能：向屏幕上输出不同类型变量和对象的操作。

说明：与 println( ) 方法不同的是，print( ) 方法输出对象后不附带回车，下一次输出时，将输出在同一行中。

7.1.2 Java 语言的文件流

1. File 类

java. io. File 类也属于 java. io 包，但它不是 InputStream 或者 OutputStream 的子类。因为它不负责数据的输入、输出，而是专门用来管理磁盘文件和目录的。每个 File 类的对象都表示一个磁盘文件或目录，其对象属性中包含文件或目录的相关信息，如名称、长度、包含文件个数等，调用 File 类的方法则可以完成对文件或目录常用的管理操作，如创建、删除等。

(1) 创建文件及目录

创建 File 类对象时需指明它所对应的文件名或目录名。File 类共提供了 3 个不同的构造方法。

格式 1：File（String path）

功能：创建磁盘文件名或目录名及其路径名。

说明：字符串参数 path 指明了新创建的 File 对象对应的磁盘文件名或目录名及其路径名。path 参数也可以对应磁盘上的某个目录，如“c:\javabook\temp”或“javabook\temp”。

格式 2：File（String path，String name）

功能：创建磁盘文件名或目录名及其路径名。

说明：第一个参数 path 表示所对应的文件或目录的绝对或相对路径，第二个参数

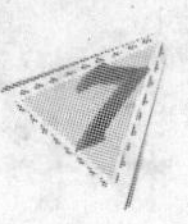

name 表示文件名或目录名。将路径与名称分开的好处是，相同路径的文件或目录可共享同一个路径字符串，管理、修改都比较方便。

格式3：File（File dir，String name）

功能：创建磁盘文件名或目录名及其路径名。

说明：使用另一个已经存在的代表某磁盘目录的 File 对象作为第一个参数，表示文件或目录的路径，第二个字符串参数表示文件名或目录名。

（2）获取文件或目录的属性

格式：public boolean exists( )

功能：判断文件或目录是否存在。

说明：若文件或目录存在，则返回 true，否则返回 false。

格式：public boolean isFile( )

功能：判断是否是文件。

说明：若对象代表有效文件，则返回 true。

格式：public boolean isDirectory( )

功能：判断是否是目录。

说明：若对象代表有效目录，则返回 true。

格式：public String getName( )

功能：获取文件或目录名称与路径。

说明：返回文件名或目录名。

格式：public String getPath( )

功能：获取文件或目录名称与路径。

说明：返回文件或目录的路径。

格式：public long length( )

功能：获取文件的长度。

说明：返回文件的字节数。

格式：public boolean canRead( )

功能：获取文件的读属性。

说明：若文件为可读文件，则返回 true，否则返回 false。

格式：public boolean canWrite( )

功能：获取文件的写属性。

说明：若文件为可写文件，则返回 true，否则返回 false。

（3）文件或目录的操作

格式：public String [ ] list( )

功能：列出目录中的文件。

说明：将目录中所有的文件名保存在字符串数组中并返回。

格式：public boolean equals（File f）

功能：比较两个文件或目录。

说明：若两个 File 对象相同，则返回 true，否则返回 false。

格式：public boolean renameTo（File newFile）

功能：重命名文件。

说明：将文件重命名为newFile对应的文件名。

格式：public void delete( )

功能：删除文件。

说明：将当前文件删除。

格式：public boolean mkdir( )

功能：创建目录。

说明：创建当前目录的子目录。

2. 文件输入/输出流类

利用文件输入/输出流完成磁盘文件的读写，一般应按照以下两个步骤进行。

(1) 利用文件名字符串或File对象创建输入/输出流对象。

有两个常用的构造方法。

格式1：FileInputStream（String FileName）

功能：利用文件名（包括路径名）字符串创建从该文件读入数据的输入流。

格式2：FileInputStream（File f）

功能：利用已存在的File对象创建从该对象对应的磁盘文件中读入数据的文件输入流。

注意：调用构造方法的语句应该包括在try块中，并有相应的catch块来处理它们可能产生的异常。

(2) 从文件输入/输出流中读写数据。

有两种方式，一是直接利用FileInputStream和FileOutputStream自身的读写功能；二是以FileInputStream和FileOutputStream为原始数据源，再套接上其他功能较强大的输入/输出流完成文件的读写操作。该方法能方便地从文件中读写不同类型的数据。

3. RandomAccessFile类

利用RandomAccessFile实现对文件的随机读写，有以下几个步骤。

(1) 创建RandomAccessFile对象，有两个构造方法。

格式1：RandomAccessFile（String name, String mode）

格式2：RandomAccessFile（File f, String mode）

说明：其中访问模式字符串mode有两种取值，“r”代表以只读方式打开文件；“rw”代表以读写方式打开文件，这时用一个对象就可以同时实现读写两种操作。

注意：创建RandomAccessFile对象时，如果系统抛出FileNotFoundException异常，表示指定的文件不存在；若抛出IOException异常，表示试图用读写方式打开只读属性的文件或出现其他输入/输出错误。

(2) 对文件位置指针进行操作。

RandomAccessFile对象的文件位置指针遵循以下几条规律。

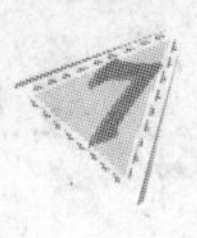

① 新建的 RandomAccessFile 对象的文件位置指针位于文件的开头处。

② 每次读写操作之后，文件位置指针都相应后移读写的字节数。

③ 利用 getPointer( )方法可获取当前文件位置指针从文件头算起的绝对位置。

④ 利用 seek( )方法可以移动文件位置指针。

格式：public void seek (long pos)

说明：这个方法将文件位置指针移动到参数 pos 指定的从文件头算起的绝对位置。

⑤ length( )方法将返回文件的字节长度。

格式：public long length( )

说明：根据 length( )方法返回的文件长度和位置指针相比较，可以判断是否读到了文件尾。

(3) 进行读操作。

主要方法有 readBoolean( )、readChar( )、readInt( )、readLong( )、readFloat( )、readDouble( )、readLine( )、readUTF( )等。

(4) 进行写操作。

主要方法有 writeBoolean( )、writeChar( )、writeUTF( )、writeInt( )、writeLong( )、writeFloat( )、writeDouble( )、writeLine( )等。其中 writeUTF( )方法可以向文件输出一个字符串对象。

注意：RandomAccessFile 类的所有方法都可能抛出 IOException 异常，所以利用它实现文件对象操作时，应把相关的语句放在 try 块中，并配上 catch 块来处理可能产生的异常对象。

7.1.3 Java 语言的管道流

Java 语言使用 PipedInputStream 类和 PipedOutputStream 类进行数据交换，完成管道数据流在线程间的通信。管道通常在多线程程序中，用于在线程间进行数据交换。

1. 管道流模型

管道数据流主要用于线程间的通信，一个线程中的 PipedInputstream 对象需要从另一个线程中互补的 PipedOutputStream 对象中接收输入，所以 PipedInputStream 类必须和 PipedOutputStream 类一起使用，来建立一个通信通道。也就是说，管道数据流必须同时具备可用的输入端和输出端。管道流模型如图 7.2 所示。

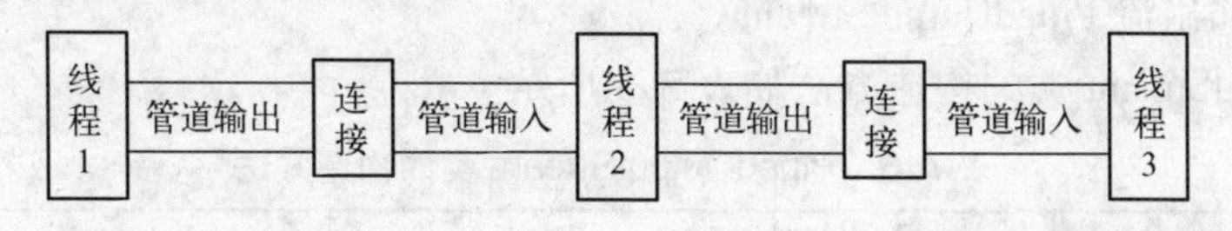

图 7.2 管道流模型

2. 创建管道通信通道的步骤

创建一个管道通信通道可以按照以下 3 个步骤进行。

(1) 建立输入数据流

格式：PipedInputStream pis = new PipedInputStream( )

(2) 建立输出数据流

格式：PipedOutputStream pos = new PipedOutputStream( )

(3) 将输入数据流和输出数据流连接起来

格式：pis. connect (pos) 或者 pos. connect (pis)

这种创建形式使用的是两个类中无参数的构造函数，除此之外，还可以使用另一种构造方法，直接将输入流与输出流连接起来。

格式：PipedInputStream pis = new PipedInputStream( );

PipedOutputStream pos = new PipedOutputStream (pis);

或者

格式：PipedOutputStream pos = new PipedOutputStream( );

PipedInputStream pis = new PipedInputStream (pos);

3. 管道输入/输出流的构造方法

(1) 管道输入流 PipedInputStream

PipedInputStream 类的构造方法如表 7. 4 所示。

表 7. 4 PipedInputStream 类的构造方法

方　法	说　明
PipedInputStream( )	创建一个默认的管道输入流
PipedInputStream (PipedOutputStream src)	从一个管道输出流创建管道输入流

PipedInputStream 类的常用方法如表 7. 5 所示。

表 7. 5 PipedInputStream 类的常用方法

方　法	说　明
int available( )	返回输入流可读取的字节数
void close( )	关闭输入流
int read( )	从输入流读取一字节
int read (byte [ ] b, int off, int len)	从输入流读取若干字节
protected void receive (int b)	从管道中接收一字节的数据

(2) 管道输出流 PipedOutputStream

PipedOutputStream 类的构造方法如表 7. 6 所示。

表 7. 6 PipedOutputStream 类的构造方法

方　法	说　明
PipedOutputStream( )	构造一个默认的管道输出流
PipedOutputStream (PipedInputStream src)	从一个管道输入流创建管道输出流

PipedOutputStream 类的常用方法如表 7. 7 所示。

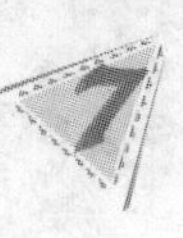

表 7.7 PipedOutputStream 类的常用方法

方 法	说 明
void close()	关闭输出流
void connect (PipedInputStream src)	连接给定的输入流与输出流
void flush()	刷新输出流
int write (byte [ ] b, int off, int len)	向输出流写入若干字节
int write()	向输出流写入一字节

7.2 基础练习

7.2.1 判断题

1. Java 语言的 File 类可以直接对文件进行输入/输出操作。
2. Java 语言的输入/输出是以字符的形式出现的。
3. Java 语言的输入/输出操作其实质就是对流的操作。
4. InputStream 和 OutputStream 是两个最基本的类，其他的流类都继承自这两个类。
5. System 类只管理标准输入/输出流，不管理错误流。
6. File 类属于 java. io 包，也是 InputStream 或者 OutputStream 的子类。因为它除了专门用来管理磁盘文件和目录外，还负责数据的输入和输出。
7. 在 public boolean exists() 语句中，若文件或目录不存在，返回 false，否则返回 true。
8. 对文件位置指针进行操作是属于 RandomAccessFile 类的操作。
9. Java 语言使用 InputStream 类和 PipedOutputStream 类进行数据交换。
10. RandomAccessFile 类的所有方法都可能抛出 IOException 异常。

7.2.2 选择题

1. 计算机中的流是________。

   A. 流动的字节　B. 流动的对象　C. 流动的文件　D. 流动的数据缓冲区

2. 以下的________是 java. io 包中的一个兼有输入/输出功能的类。

   A. Object　B. Serializable

   C. RandomAccessFile　D. java. io 中不存在这样的类

3. 字符输出流类都是________抽象类的子类。

   A. FilterWriter　B. FileWrite　C. Writer　D. OutputStreamWrite

4. 以下________类属于字节流类。

   A. FileWriter　B. PushbackReader　C. FilterReader　D. FileInputStream

5. 若要求读取大文件的中间一段内容，最方便的是采用________流来操作。

   A. File stream　B. Pipe stream　C. Random stream　D. Filter stream

6. 如果 println() 方法的参数为空，则输出的是________。

A. 黑屏　　B. 光标　　C. 乱码　　D. 一个空行

7. 执行 System. in. read( )方法时描述错误的是________。

A. 执行 System. in. read( )时，有时会导致系统转入阻塞状态

B. 在阻塞状态下，当前程序将自动跳转到下一语句位置

C. 利用 System. in. read( )语句来达到暂时保留屏幕的目的

D. 在阻塞状态下，用户输入一个键盘数据后，才能继续运行下去

8. 下面关于管道描述中不正确的是________。

A. 管道通常在多线程程序中，用于在线程间进行数据交换

B. PipedInputStream 类必须和 PipedOutputStream 类一起使用

C. 管道数据流必须同时具备可用的输入端和输出端

D. PipedOutputStream 类就能完成管道数据交换

9. 在编写程序时，若需要使用标准输入/输出语句，则必须在程序的开头写上________语句。

A. import java. awt. * ;

B. import java. applet. applet;

C. import java. io. * ;

D. import java. awt. Graphics;

7.2.3 填空题

1. ________是指字节数据或字符数据序列，Java 语言采用输入____________对象和输出________对象来支持程序对数据的输入和输出。

2. File 类可以使用________类实现文件的随机读写。

3. 在 Java 语言中，所有涉及数据流操作的程序中都会在程序的最前面出现语句____________。

4. System. out 和 System. err 都是从________中继承而来的，用于把有关的信息送到默认的________设备中。

5. 在下列代码段的________处填上关键词，以便能随机读写文件。

```
File File1 = new File ("File1. txt");
    RandomAccessFile MyRa = new RandomAccessFile (__________);
```

6. 在下列代码段的________处填入关键词，以便在使用 System. in. read( )方法时能读入数据。

```
    ____{
        char  ch = system. ln. read( );
        }
        ____(IOException  e)
{…
}
```

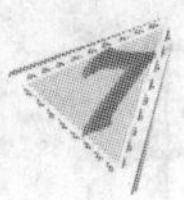

7. java. io 包中包含了________和________两个最基本的类，Java 语言中所有其他的流类都继承自这两个类。

8. Java 系统事先定义了 3 个流对象，分别与系统的标准输入、标准输出和错误输出相联系。它们分别是________、________和________。

7.2.4 简述题

1. 比较 print( )方法和 println( )方法的异同。
2. 利用文件输入/输出流完成磁盘文件的读写，简述其步骤。
3. 怎样对文件进行随机读写？简述其主要步骤。
4. 简述创建管道通信通道的步骤。
5. 下面是创建三个文件 f1、f2 和 f3 的程序。

```
{
    public  static  void  main  (String  arge[ ] )
    {
        File  f1 = new  File (File. separator ) ;
        File  f2 = new  File (File. separator ," aotuexec. bat" ) ;
        File  f3 = new  File (f1 ," aotuexec. bat" ) ;
      System. out. println(" 三个 File 对象创建完成" ) ;
    }
}
```

阅读程序后请回答下列问题。

① f1 用什么字段代表当前路径？

② 对象 f1 、f2 和 f3 各用什么构造方法创建？

③ 对象 f2 和对象 f3 是否指向相同的文件？

6. 阅读下列程序，请在程序的//后作简单注释，并写出程序运行后的结果。

```
{
    public  static  void main( String  args[ ])
    {
        try
        {
            byte  bArray[ ] = new byte[128];
            Stri ng  str;
            System. out. println(" 请输入字符:" );    //
            System. in. read( bArray) ;              //
            Str = new String( bArray) ;
            System. out. print(" 你输入的是:" );      //
            System. out. println( str) ;
        }
```

```
                catch(IOException   ioe)
        {
system.err.println(ioe.tosting());
            }
        }
    }
```

7.3 程序设计题

1. Java 的输入/输出流

读取并显示键盘上输入的字符。

2. 打开并读取文件

打开并读取文件。

3. Java 的文件流

将键盘输入的字符保存到文件中并读取文件内容。

4. Java 的文件流

随机读取文件中的字符串并显示其。

5. Java 的管道流

将文件属性进行列表。

第8章　Java Applet入门

Java Applet 是用 Java 语言编写的不能独立运行的 Java 程序，它必须嵌入到一个 HTML 文件中，然后由浏览器解释执行，以实现内容丰富多彩的动态页面效果和页面交互功能。本书将 Java Applet 简称为 Applet 。Java Applet 在 Internet 上有着广泛的应用。本章主要练习 Java Applet 的特点、生命周期、安全性等习题。

8.1　练习提要

8.1.1　Applet 的载入、创建和标记

1. Applet 与 Application 的区别

Java 程序分为两类：Applet（Java 小程序）和 Application（Java 应用程序）。Applet 嵌入在 WWW 的页面，作为页面的组成部分被下载，并运行在 Java 虚拟机的 Web 浏览器中。Application 运行于 Web 浏览器之外，没有 Applet 运行时的各种限制。另外，Application 是从其中的 main( )方法开始运行的，而 Applet 没有 main( )方法，由支持 Java Applet 的浏览器或 Java SDK 中模拟浏览器环境的 Applet Viewer 来运行。

2. Applet 的载入、创建和标记

（1）Applet 的载入

Applet 的载入过程如图 8.1 所示。

（2）Applet 的创建

① 在 Applet 源程序文件的开始，必须包含 java. applet. Applet 系统类。

格式：import java. applet. *

或者：import java. applet. Applet

② AppletFirst 类必须声明为 public，而且文件名必须与类名保持一致（包括大小写）。另外，AppletFirst 类必须继承自 java. applet. Applet，即为 java. applet. Applet 类的子类。

格式：public class AppletFirst extends Applet

（3）Applet 的标记

Applet 必须通过 <applet> 标记嵌入到一个 HTML 文件中，然后由浏览器解释执行。下面是 <applet> 标记的语法及其说明。

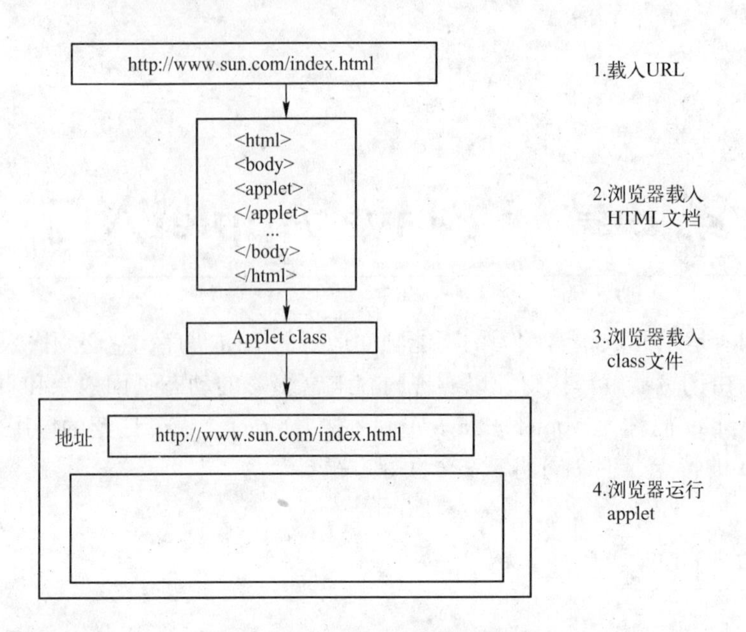

图 8.1　Applet 的载入过程示意图

格式：

```
<applet
    code = appletfile.class
    width = pixels height = pixels
    [codebase = codebaseURL]
    [alt = alternateText]
    [name = appletInstanceName]
    [align = alignment]
    [vspace = pixels] [hspace = pixels] >
  [<param name = appletAttribute1 value = value>]
  [<param name = appletAttribute2 value = value>]
  …
  </applet>
```

功能：嵌入到一个 HTML 文件中的 <applet> 标记。

说明：① code = appletfile. class。必选项，指定需要运行的 Applet 的类名，注意文件名前面不能加任何的路径，即浏览器默认 Applet 文件使用与 HTML 文件相同的 URL。

② width = pixels height = pixels。必选项，指定 Applet 显示区域的初始宽度和高度(用像素数表示)。

③ [codebase = codebaseURL]。可选项，为 Applet 文件指定 URL。

④ [alt = alternateText]。可选项，指定一段替换文本，当浏览器能理解 <applet> 标记但不能运行 Applet 程序时，这段文本可作为提示信息显示出来。

⑤ [name = appletInstanceName]。可选项，为 Applet 指定一个名字，使得在同一浏览器窗口中运行的其他 Applet 能够识别该 Applet 并可与之通信。

⑥ [align = alignment]。可选项，指定 Applet 的对齐方式，可取值为 left、right、top、texttop、middle、absmiddle、baseline、bottom 和 absbottom。

⑦ [vspace = pixels] [hspace = pixels]。可选项，指定 Applet 与周围文本的垂直间距和水平间距（用像素数表示）。

⑧ [<param name = appletAttribute1 value = value>]。可选项，为 Applet 指定参数（包括参数的名称和数值）。在 Applet 中，可以通过 getParameter( )方法得到相应的参数。

在<applet>标记中，code、width 和 height 这三项是必须有的，其他各项可以不选。因此，<applet>标记的最简单形式为：

```
<applet code = AppletFirst. class width = 200 height = 100 > </applet >
```

8.1.2 Applet 的生命周期和安全基础

一个 Applet 的执行过程称为这个 Applet 的生命周期。一个完整的生命周期涉及以下这些方法：init( )、start( )、stop( )和 destroy( )等。

1. Applet 的生命周期及主要方法

Applet 的生命周期和主要方法如图 8.2 所示。

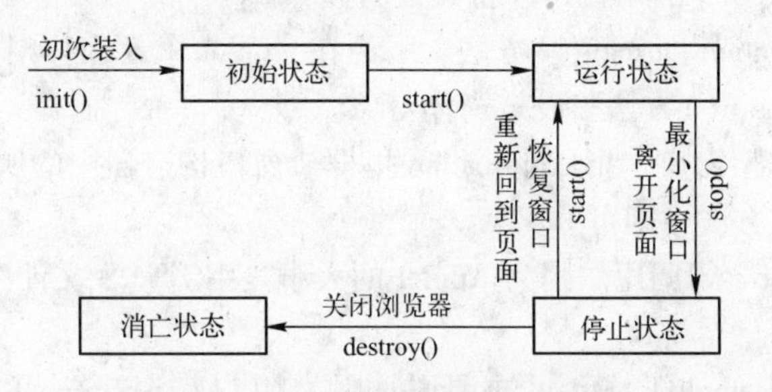

图 8.2 Applet 的生命周期和主要方法

（1）init( )方法。init( )方法的作用是完成初始化操作，当 Applet 对象被创建并初次装入支持 Java 的浏览器（如 Applet Viewer）时，init( )方法就被调用。并非每次打开包含 Applet 的浏览器窗口时都要调用 init( )方法，只有第一次打开才这样做。

（2）start( )方法。start( )方法用于创建、启动及重新启动小应用程序线程。Start( )方法通常用于完成诸如启动动画或演奏音乐之类的操作。

（3）stop( )方法。stop( )方法表示 Applet 程序在休息。Applet 可利用 stop( )方法完成诸如停止播放动画或演奏音乐之类的操作。

要注意的是，stop( )方法与 start( )方法是对应的。

（4）destroy( )方法。destroy( )方法完成 Applet 程序资源的释放。当浏览器终止 Applet 程序时，destroy( )方法被调用，目的是用来释放 Applet 程序使用的内存空间。

2. Applet 的安全基础

由于 Applet 是通过网络进行装载的，Java 语言提供了一个 Security Manager 类，防止有人恶意编写程序，通过 Applet 读取用户的加密文件并通过 Internet 传送。

大多数浏览器都会默认禁止 Applet 执行下列操作：

（1）在运行时调用其他程序；

（2）对任何文件的读写操作；

（3）装载动态链接库和调用任何本地方法；

（4）尝试打开除提供 Applet 的主机之外的任何系统的 Socket。

这些限制的关键在于：通过限制 Applet 对系统文件的存取来阻止它侵犯一个远程系统的隐私或破坏该系统。

8.1.3 Applet 与 Java Application 的结合

Applet 与 Application 实际上是类似的程序，只是程序的起点及运行方式有所不同。因此，将一个图形界面的 Java Application 应用程序转换成能够嵌入 HTML 页面并在浏览器中运行的 Applet 是比较容易的。

1. Application 转换为 Applet 的步骤

（1）提供一个 Applet 的子类，并将其设为 public。

（2）取消 Application 的 main( )方法。因为在 Applet 中新窗体对象的生成是自动完成的，所以不必使用 main( )方法来设定窗体对象。

（3）不必构造框架窗口，把 Application 里框架窗口构造器中的所有初始化代码全部转移到 Applet 的 init( )方法中即可。

（4）删除对 setSize 的调用。因为 Applet 的大小是由 HTML 文件中的 width 和 height 参数决定的。

（5）删除对 setDefaultOperation 的调用。因为用户在退出浏览器时，Applet 将自动终止。

（6）由于 Applet 不能有标题栏（而网页可以有标题栏），所以如果应用程序中调用了 setTitle，就需要取消该调用。

（7）不要调用 show 方法，Applet 将自动显示。

（8）创建一个与 Applet 对应的 HTML 文件，使用正确的标记将 Applet 嵌入到该 Web 页面中。

2. 运行 Applet 和 Application 程序必须具备的条件

一个 Java 程序既能作为 Applet 运行，又能作为 Application 运行，需要具备以下的条件。

（1）它是 Applet 的子类（extends Applet）。

（2）它含有 main( )方法，以便作为 Application 程序执行的入口。

(3) 在 main()方法中创建一个用户界面（如 Frame），并将这个 Applet 加入其中。

8.1.4 HTML 与 Applet 的参数传递

用户可以向 Applet 程序和 Application 程序传递参数，以控制程序的运行。Application 采用命令行的方式实现参数传递，而 Java Applet 参数的传递也经常通过 HTML 文件来完成。

8.1.5 Applet 与环境的联系

Applet 与环境的联系可以分为：Applet 与 Applet 之间的联系、Applet 与浏览器之间的联系、Applet 与网络之间的联系 3 种。

1. Applet 之间的通信

(1) 嵌入到同一个 HTML 文件中的 Applet 程序可以通过 java. applet 包中的接口、类方法进行通信。

格式：public AppletContext getAppletContext()

功能：得到当前运行页的环境上下文 AppletContext 对象。

说明：通过 AppletContext 对象，可以得到当前 Applet 运行环境的信息。AppletContext 是一个接口，其中定义了一些方法可以得到当前页的其他 Applet 信息，进而实现同页 Applet 之间的通信。

(2) 通过 AppletContext 对象的 getApplet（String name）方法可以得到名为 name 的 Applet 对象；通过 AppletContext 对象的 getApplets()方法可以得到一个 Enumeration 对象，Enumeration 对象中包括了当前页中所有的 Applet 对象；通过 Enumeration 对象的 hasMoreElements()方法和 nextElement()方法可以依次访问这些 Applet 对象。

(3) 使用 processRequestForm()方法可以获得发送到本 Applet 对象的消息。

2. Applet 与浏览器之间的通信

Applet 类中提供了许多方法与浏览器进行通信。

格式 1. public URL getCodeBase()

说明：该方法返回 Applet 自身的 URL 地址。

格式 2：public URL getDocumentBase()

说明：该方法返回嵌入 Applet 的 HTML 文件的 URL 地址。

格式 3：public String getParameter（String name）

说明：该方法返回 HTML 文件中名称为 name 的 param 单元所给出的参数值。其中参数 name 与大小写无关，但返回值与大小写有关。在 HTML 的 param 单元中，value 值可以是一个 URL 地址、一个整数、一个浮点数或一个布尔值等，因此在 Applet 中，需要对返回的字符串进行转换。

格式 4：public string[][] getParameterInfor()

说明：该方法返回本 Applet 参数的信息，返回值为字符串数组，它的每个元素是包含3个字符串的一维数组，3个字符串分别是参数名称、参数类型和对对象参数含义的描述。

格式5：public string getAppletInfo( )

说明：该方法返回Applet的作者、版本、版权等信息。

格式6：public void showStatus（String msg）

说明：该方法用于在浏览器的状态条显示信息msg，通常这一信息只是暂时性的，所以不应该用于显示重要的信息或用于调试。

3. Applet与网络之间的通信

（1）调用Applet的getAppletContext( )

格式：Applet getAppletContext( )

说明：方法被调用后，将返回一个AppletContext类的对象，使用这个对象的有关方法可以控制浏览器。

（2）调用showDocument( )方法

调用AppletContext对象的showDocument( )方法可以显示URL地址上的网页，有以下两种方式。

格式1：void showDocument（URL url）

格式2：void showDocument（URL url，String target）

说明：① 格式1指定的HTML文件将在Applet所在的窗口中显示。

格式2可以指明显示HTML文件的窗口，“String target”的值可以是“_self”（当前窗口）、“_parent”（父窗口）、“_top”（最高一级窗口）、“_blank”（新建窗口）或“name”（指定名称的窗口）。

② 如果将showDocument( )方法中的参数写成“showDocument（u，" _ top"）;”再运行此程序时，打开的网页就会替换掉原来Applet程序运行时的网页。

③ 要打开的网页必须和Applet程序存放在同一文件夹中，否则就不能打开此网页。

（3）Applet深层次的网络通信步骤

① 用Applet的getCodeBase( )方法得到提供它的主机的URL。

② 用URL的getHost( )方法得到主机名。

③ 用InetAddress的getByname( )方法得到该主机的IP地址，有了该主机的IP地址，就可以使用相关类的方法来与该主机进行通信。

8.2 基础练习

8.2.1 判断题

1. Applet程序不能独立运行，但可以在DOS状态下运行。
2. 与Applet生命周期相关的方法的数量是5种。
3. Applet是Java类，所以可以由JDK中的解释器java.exe直接解释运行。

4. Applet 可以定义为 java. applet. Applet 类或 javax. swing. Japplet 类的子类。

5. Applet 与 Application 的主要区别在执行方式上。

6. Applet 通过在 HTML 文件中采用标记传递参数。

8.2.2　选择题

1. 下列关于 Java Application 与 Applet 的说法中，正确的是________。

A. 都包含 main()方法　　B. 都通过“appletviewer”命令执行

C. 都通过“javac”命令编译　　D. 都嵌入在 HTML 文件中执行

2. 当启动 Applet 程序时，首先调用的方法是________。

A. stop()　　B. init()　　C. start()　　D. destroy()

3. 当浏览器重新返回 Applet 所在页面时，将调用 Applet 类的方法是________。

A. start()　　B. init()　　C. stop()　　D. destroy()

4. Java 中对 Applet 设置了严格的安全限制。下列关于 Applet 在 Java 中安全限制叙述正确的是________。

A. 根本无法解除

B. 只有部分限制可以解除，而其他限制无法解除

C. 可以在安全策略的控制下解除

D. 已经默认的全部解除

5. 编写和运行 Applet 程序与编写和运行 Java application 程序不同的步骤是________。

A. 编写源代码

B. 编写 HTML 文件调用该小程序，以 . html 为扩展名存入相同文件夹

C. 编译过程

D. 解释执行

6. 一个 Java application 运行后，在系统中是作为一个________。

A. 线程　　B. 进程　　C. 进程或线程　　D. 不可预知

7. 下面关于 Applet 生命周期的说法正确的是________。

A. Applet 生命周期是从浏览器解析 HTML 文件开始的

B. 浏览器加载结束时，终止 Applet 的运行

C. Applet 生命周期包括 Applet 的创建、运行、等待与消亡四个状态

D. 以上说法均不正确

8. 以下________操作是 Java 安全机制允许 Applet 执行的。

A. 运行时执行另一程序　　B. 文件的输入/输出

C. 调用本地方法　　D. 播放音频文件

9. 下面关于 Applet 的说法中，不正确的是________。

A. Applet 能够嵌入到 HTML 页面中

B. Applet 自身可以运行，也可以嵌入在其他应用程序中运行

C. Applet 是能够在浏览器中运行的 Java 类

D. Applet 与 application 的主要区别在于执行方式上不同

10. Applet 的运行过程要经历 4 个步骤，其中________不是运行步骤。

A. 浏览器加载指定 URL 中的 HTML 文件

B. 浏览器显示 HTML 文件

C. 浏览器加载 HTML 文件中指定的 Applet 类

D. 浏览器中的 Java 运行环境运行该 Applet

11. Applet 应用程序的执行起始点是________。

A. begin( )方法　B. main( )方法　C. start( )方法　D. init( )方法

8.2.3 填空题

1. Applet 生命周期中的关键方法包括：______________、start( )、stop( )和 destroy( )。

2. 编写同时具有 Applet 与 Application 特征的程序，具体方法是：作为 Application 要定义 main( )方法，并且把 main( )方法所在的类定义为一个________类。

3. 每个 Applet 必须定义为________的子类。

4. 一个 Java Application 源程序文件名为 MyJavaApplication. java，如果使用 Sun 公司的 Java 开发工具 JDK 编译该源程序文件并使用其虚拟机运算这个程序的字节码文件，应该首先执行的命令是：________。

5. 编译 Applet 源程序文件产生的字节码文件的扩展名为________。

6. Applet 类的直接父类是________。

7. Application 源程序的主类是指包含有________方法的类。

8. 在 Applet 生命周期中，________方法是在 Applet 被覆盖时要被调用的。

8.2.4 简述题

1. 用示意图描述 Applet 应用程序的执行过程。

2. 试简述 Applet 应用程序的特点及与 application 应用程序的主要不同点。

3. 阅读下列程序的主要代码，在“//”编号后简述 Applet 程序的生命周期和主要方法。

```
public class AppletSkel extends Applet {
    // ①
    public void init( ) {
    // ②
    }
    //③
    public void start( ) {
    //
    }
    //
    public void stop( ) {
    //
```

```
    }
    // ⑦
    public void destroy() {
    // ⑧
    }
    …
}
```

4. 试简述 Applet 之间是如何通信的。
5. 试简述如何把 Application 程序转换为 Applet 程序。
6. 用 start( )方法和 stop( )方法写出音乐开始演奏和停止演奏的语句。
7. 试简述 Applet 深层次网络通信的步骤。

8.3 程序设计题

1. Applet 的创建和标记

在屏幕上显示“Hello World”字符串。

2. Applet 的创建和标记

设计一个加法计算器。

3. Applet 的生命周期和安全基础

用 Applet 播放声音。

4. Applet 与 Java Application 的结合

求一个数的立方值。

5. HTML 与 Applet 的参数传递（1）

用 openStream 读 URL 文件。

6. HTML 与 Applet 的参数传递（2）

用 useURLConnection 读 URL 文件。

7. Applet 与环境的联系

获取并显示 AppletIE 文件的相关信息。

第9章 Java语言多媒体技术

Java 语言的内置类库对多媒体技术有相当强的支持能力，尤其为文本、图形、图像、声音的处理与展示提供了方便而又丰富的接口。本章主要练习文本、图形、声音与动画等多媒体技术的应用。

9.1 练习提要

9.1.1 基本图形的绘制

Graphics 类属于 java. awt 程序包中的一部分，包含了许多处理图形、文本的方法。

1. 图形坐标系统

Java 语言中使用的坐标是简单的笛卡儿（x，y）坐标系统，其原点位于屏幕（或构件）的左上角，坐标沿向下和向右的方向增长。

2. 基本几何图形的绘制

程序在开始时应做如下说明：

```
import java.awt.*;
```

（1）线段的绘制
格式：drawLine（int x1, int y1, int x2, int y2）
功能：从点（$x1$，$y1$）到点（$x2$，$y2$）画一条直线。
（2）矩形的绘制
① 普通矩形的绘制
格式1：drawRect（int x, int y, int width, int height）
格式2：fillRect（int x, int y, int width, int height）
功能：从点（x，y）处开始画一个宽为 width、高为 height 的普通矩形。
说明：drawRect( )方法画的是边框风格的普通矩形，fillRect( )方法画的是填充风格的普通矩形。
② 圆角矩形的绘制
格式1：drawRoundRect（int x, int y, int width, int height, int arcWidth, int arcHeight）
格式2：fillRoundRect（int x, int y, int width, int height, int arcWidth, int arcHeight）

功能：从点（x，y）处开始画一个宽为width、高为height的圆角矩形。

说明：arcWidth为圆角弧的横向直径，arcHeight为圆角弧的纵向直径，当width和height参数值相等时即为圆。drawRoundRect( )方法画的是边框风格的圆角矩形，fillRoundRect( )方法画的是填充风格的圆角矩形。

③ 立体矩形的绘制

格式1：draw3Drect（int x，int y，int width，int height，boolean raised）

格式2：fill3Drect（int x，int y，int width，int height，boolean raised）

功能：从点（x，y）处开始画一个宽为width、高为height的立体矩形。

说明：参数raised定义立体矩形是具有凸出（值为true），还是凹下（值为false）的效果。draw3DRect( )方法画的是边框风格的立体矩形，fill3Drect( )方法画的是填充风格的立体矩形。

（3）多边形的绘制

格式1：drawPolygon（int xPoints[ ]，int yPoints[ ]，int nPoints）

格式2：fillPolygon（int xPoints[ ]，int yPoints[ ]，int nPoints）

功能：画一个多边形。

说明：参数xPoints是一个整数数组，用以存放多边形坐标点的x坐标值；参数yPoints存放相应的一组y坐标值；nPoints表示共有几个坐标点。

drawPolygon( )方法是绘制边框型多边形，fillPolygon( )方法是绘制填充型多边形。

（4）弧线的绘制

格式1：drawArc（int x，int y，int width，int height，int startAngle，int arcAngle）

格式2：fillArc（int x，int y，int width，int height，int startAngle，int arcAngle）

功能：画一段圆弧。

说明：startAngle表示圆弧开始的角度，arcAngle表示从startAngle开始转多少度。弧度坐标系中水平向右为0，逆时针方向为正角，顺时针方向为负角。fillArc( )方法的效果填充区域为弧的两端点与圆心连线所围成的扇形区域。drawArc( )方法是绘制边框型的圆弧，fillArc( )方法是绘制填充型的圆弧。

（5）椭圆的绘制

格式1：drawOval（int x，int y，int width，int height）

格式2：fillOval（int x，int y，int width，int height）

功能：画一个椭圆。

说明：点（x，y）不是椭圆的圆心坐标，而是该椭圆外接矩形的左上角坐标，这样有利于系统中的定位。width是椭圆沿x轴的宽度，height是椭圆沿y轴的高度。当椭圆的宽度和高度相等时，即得到圆。drawOval( )方法绘制边框型椭圆，fillOval( )方法绘制填充型椭圆。

3. 复制与清除图形

（1）复制图形

格式：copyArea（int x，int y，int width，int height，int dx，int dy）

功能：复制图形。

说明：格式中的前4个参数定义了被复制图形所在屏幕的矩形区域，最后两个参数指定新区域与屏幕原始区域的偏移距离。若 dx，dy 为正值，则表示新区域相对于原区域的右方及下方所偏移的像素值；反之，若 dx，dy 为负值，则表示相对原区域左方及上方的偏移像素值。

(2) 清除图形

格式：clearRect（int x，int y，int width，int height）

功能：清除某个区域的图形。

说明：格式中的4个参数定义了要清除的矩形区域。

9.1.2 字体效果的处理

在 Java 语言中，Graphics 类的 drawString( ) 方法可以在屏幕指定的位置显示一个字符串，而使用 Font 类则可以修饰字体显示效果。

1. 设置字体效果

(1) 对字体效果进行修饰

格式：Font（String name，int style，int size）

说明：name 代表字体名，如 TimesRoman、Courier、宋体、楷体等；style 为字体风格，Font. BOLD——黑体，Font. ITALIC——斜体，Font. PLAIN——正常字体，它们可以互相组合使用，如 Font. BOLD + Font. ITALIC；size 代表字体大小，单位是以点来衡量的，一个点（Point）是1/72英寸。

(2) 显示字体

操作时先用 setFont( ) 方法设置当前对象所用的字体，然后再用 Graphics 类的 drawString( )、drawChars( )等方法显示字符串与字符。

格式：setFont(Font font)；
      drawString(string str，int x，int y)
      drawChars(char data[ ],int offset，int length，int x，int y)

功能：显示字体。

说明：setFont( )方法中的参数是一个已经创建好的字体信息的对象；drawString( )方法中的 str 是要显示的字符串，x，y 是字符串的起始位置坐标，x 是第一个字符的左边界，y 是整个字符串的基线位置坐标；drawChars( )方法用来显示多个字符，其中 data 参数是给定的原始字符数组，offset 表示从第几个字符位置开始显示，length 表示共显示几个字符，x，y 的含义同 drawString( )方法中的一样。

2. 获取字体信息

(1) 用 Font 类中提供的方法获取字体的基本信息

格式：string getName( )　　　　获取字体名称
      int getSize( )　　　　获取字体尺寸

Boolean is Plain()　　　　　是否普通风格
Boolean is Bold()　　　　　 是否粗体风格
Boolean is Italic()　　　　　是否斜体风格

int getStyle()获取字体风格（0——普通，1——粗体，2——斜体，3——粗加斜体）。

功能：获取字体名称、字体尺寸、字体风格等基本信息。

(2) 用 Graphics 类中的 getFontMetrics()方法精确地定位字体位置

格式：int stringWidth(String str)返回显示字符串 str 所占的屏宽值
int charWidth(int ch)　　　返回显示字符串 ch 所占的屏宽值
int getAscent()　　　　　　返回字体的 Ascent 值(字符最高点至基线的距离)
int getDescent()　　　　　 返回字体的 Descent 值(字符最低点至基线的距离)
int getLeading()　　　　　 返回两行字符串间的间隙值
int getHeight()　　　　　　返回字体高度,即 Ascent、Descent 和 Leading 这 3 个值的和

功能：获取诸如字体对象的高、宽及两行字符串之间的间隙等详细信息。

说明：操作时先调用 Graphics 类中的 getFontMetrics()方法取得 FontMetrics 对象，然后用 FontMetrics 类提供的方法获取更详细的字体信息。

9.1.3　颜色的设置

利用类 Color 来设置颜色。

1. Color 类的概念

Applet 中显示的字符串或图形的颜色可以用 Color 类的对象来控制，每一个 Color 对象代表一种颜色。在 Graphics 类中提供了 setColor()方法来设置颜色，设置的次序是：先创建 Color 对象，然后再调用 Graphics 类中设置颜色的方法给对象上色。如果要设置 Applet 的背景颜色，则可用 awt 软件包中 Component 类的 setBackground 方法。这两个方法都要求用颜色作为入口参数，为此，awt 软件包专门提供一个名为 Color 的类来生成各种颜色。

2. 创建 Color 类

Color 类中定义了 3 个构造方法。

格式 1：Color（float r, float g, float b)

功能：指定三原色的浮点值。

说明：每个参数取值范围在 0.0 ~ 1.0 之间。

格式 2：Color（int r, int g, int b)

功能：指定三原色的整数值。

说明：每个参数取值范围在 0 ~ 255 之间。

格式 3：Color（int rgb)

功能：指定一个整数代表三原色的混合值。

说明：16 ~ 23 位代表红色，8 ~ 15 位代表绿色，0 ~ 7 位代表蓝色。

不论使用哪个构造方法创建 Color 对象，都需要指定新建颜色中红、绿、蓝三色的比例。Color 类中定义了 13 种颜色常量，使用时只需加上 Color 前缀即可。Color 的颜色常量如表 9.1 所示。

表 9.1　Color 的颜色常量

颜色常量	色　彩	RGB 值
Color. black	黑色	(0, 0, 0)
Color. blue	蓝色	(0, 0, 255)
Color. cyan	青色	(0, 255, 255)
Color. darkGray	深灰色	(64, 64, 64)
Color. gray	灰色	(128, 128, 128)
Color. green	绿色	(0, 255, 0)
Color. lightGray	浅灰色	(192, 192, 192)
Color. magenta	洋红色	(255, 0, 255)
Color. orange	橙色	(255, 200, 0)
Color. pink	粉红色	(255, 17, 175)
Color. red	红色	(255, 0, 0)
Color. white	白色	(255, 255, 255)
Color. yellow	黄色	(255, 255, 0)

3. 设置当前颜色

创建好 Color 对象以后，就要调用 awt 包中 Graphics 类的 setColor( )方法把对象设置为系统当前的绘画颜色。

格式：setColor (color c)

说明：其中 awt 包中预定的颜色即 c 的取值如下。

black——黑　　blue——蓝　　cyan——青　　darkGray——深灰
magenta——洋红　　gray——灰　　green——绿　　orange——橙
pink——粉红　　red——红　　white——白　　yellow——黄

例如，设置当前颜色为红色的语句格式为 setColor (Color. red)。

此外，利用 java. awt. Component 类中的 setBackground( )方法和 setForeground( )方法还能设置背景和前景颜色。

格式：setBackground (color c)

功能：设置整个 Applet 背景颜色。

格式：setForeground (color c)

功能：设置整个 Applet 前景颜色。

9.1.4　图像文件的显示

显示图像的方法通常是首先使用 Applet 类的 getImage( )方法装载 Image 对象，然后使

用 Graphics 类的 drawImage( )方法把该对象显示在屏幕上。

1. 图像文件的装载

格式：Image getImage （URL url）；

Image getImage （URL url，String name）；

功能：getImage( )方法装载一个 Image 对象。

说明：其中，url 是 URL 类的对象，代表一个网络地址。

2. 图像文件的显示

格式：boolean drawImage （Image img，int x，int y，ImageObserver observer）；

boolean drawImage （Image img，int x，int y，Color bgcolor，ImageObserver observer）；

功能：drawImage( )方法显示图像，将 Image 对象关联的图像显示在 Applet 指定的位置。

说明：img 是保存图像的 Image 对象；*x* 和 *y* 是图像左上角的坐标，bgcolor 是图像显示区域的背景色；observer 是图像加载跟踪器，通常将该参数指定为 this，即由 Applet 负责跟踪图像的加载情况。drawImage( )方法可以按比例不失真地对图像进行缩放。

Java 语言可以识别的图像文件格式有 jpg、gif、jpeg 等。

9.1.5 声音文件的播放

Java 语言具有功能强大的数字音频类库 javax. sound。目前，Java 语言支持的声音格式主要有 AIFF、AU、WAV、MIDI、RMF 等，音质可为 8 位或 16 位的单声道或立体声。声音文件的播放步骤是先装载声音文件，然后再播放。

1. 利用 Applet 类提供的 play( )方法直接播放声音

在 Applet 中，play( )方法是用来播放声音文件的。与显示图像类似，play( )方法也有两种格式。

格式 1：void play （URL url）

格式 2：void play （URL url，String soundname）

功能：装载和播放声音文件。

说明：① 在格式 1 中，参数 url 是保存声音文件的绝对 URL 地址；在格式 2 中，参数 url 是保存声音文件的基地址，而参数 soundname 是声音文件的文件名。

② 如果声音文件与保存的 Applet 文件在相同的目录下，则可以使用 getCodeBase( )来获得声音文件的基地址。如声音文件 MicrosoftSound. wav 和 Applet 文件存放在同一目录下，语句可以表达为 play （getCodeBase( )，" MicrosoftSound. wav"）。

③ play( )方法只能将声音播放一次，若想循环播放，就需要使用功能更为强大的 AudioClip 类，它能更有效地管理声音的播放。

2. 使用 java. applet. AudioClip 类和 Applet 类一起播放声音

（1）声音文件的装载

格式 1：AudioClip getAudioClip（URL url）

格式 2：AudioClip getAudioClip（URL url，String soundname）

功能：装载指定 URL 的声音文件，并返回一个 AudioClip 对象。

说明：在格式 1 中，参数 url 是保存声音文件的绝对 URL 地址；在格式 2 中，参数 url 是保存声音文件的基地址，而参数 soundname 是声音文件的文件名。

（2）声音文件的播放

格式 1：void play( )

功能：播放一遍。

格式 2：void loop( )

功能：连续播放。

格式 3：void stop( )

功能：停止播放。

9.1.6 动画的设计

1. 采用单线程技术设计动画

采用单线程技术设计动画要注意如下几点。

（1）调用 sleep( )方法，使正在运行着的程序暂停指定的时间。如果不调用 sleep( )方法，Applet 就会全速运行，必将导致动画的换帧速度太快，看到的只是乱闪的画面。因此，动画的制作过程中需要不断地调整每帧之间的延时数值，从而使动画达到满意的播放速度。

（2）要使用 try 和 catch 语句，以便处理 Java 程序运行时产生的异常。

（3）有时屏幕不能出现预期的效果，只出现一片空白。这是因为程序调用 repaint( )方法时，系统只是得到一个重画的请求，而不是立即去完成重画工作，系统只能保证当它有空时，才真正去执行 repaint( )方法中的代码，即调用 update( )方法和 paint( )方法进行真正的重画工作。改进的方法就是使用多线程机制。

（4）采用单线程时，动画有时会“卡死”，这时就要采用多线程来设计动画。

2. 采用多线程技术设计动画

采用多线程技术设计动画，可以参考如下的几段代码。

（1）实现 Runnable 接口。

```
public class multithread extends java. applet. Applet
        implements Runnable
        {…}
```

（2）声明 Thread 类型的实例变量，存放新的线程对象。

```
thread runthread;
```

（3）调用 Thread 对象的 start( )方法，生成并启动一个新线程。

```
public void start( ) {
if( runThread = = null) {
runThread = new Thread( this);
runThread. start( ); }
}
```

（4）实现 run( )方法，将 Applet 程序的核心代码放入 run( )方法里。

```
public void run( ){
while( true) {
if ( x_character + + > s_length)
x_character = 0;
repaint( );
try{
Thread. sleep(300);} //程序休眠 300ms
catch( InterruptedException e) {} }
}
```

（5）用 stop( )方法停止线程的运行。在 Applet 的 start( )方法中生成并启动了一个新的线程，相应地，程序也应该在 Applet 被挂起时停止这一线程的运行。

```
public void stop( ) {
if( runThread! = null){
runThread. stop( );
runThread = null; }
}
```

9.2 基础练习

9.2.1 判断题

1. Graphics 类属于 java. awt 程序包。
2. Java 语言中使用的坐标原点位于屏幕的中心，坐标沿向上和向右的方向增加。
3. 绘制圆形和矩形属于不同的 Graphics 类。
4. drawArc( )方法也能绘制填充型的椭圆。

5. Java 语言中的立体矩形并非真正的三维图形。

6. Java 语言不仅可以装载本地计算机的图像文件，还可以装载 Web 服务器上的图像文件。

7. Java 语言可以识别所有的图像文件格式。

8. Java 语言可以支持所有的声音格式。

9. void loop()方法可以循环播放声音文件。

10. Java 语言只支持多线程设计动画。

9.2.2 选择题

1. 关于语句 drawRoundRect (int x, int y, int width, int height, int arcWidth, int arcHeight)，下列说法正确的是________。

A. 从点 (x, y) 处开始画一个宽为 width、高为 height 的直角矩形

B. 这是填充风格的圆角矩形

C. 这是边框风格的圆角矩形

D. 这是边框风格的直角矩形

2. 如果语句是 play (getDocumentBase()," MicrosoftSound. wav")，下列说法错误的是________。

A. 声音文件与 HTML 文件在相同的目录下

B. 声音文件名是 MicrosoftSound. wav

C. 在 A 的情况下，可以使用 getDocumentBase()装载声音文件

D. 不在 A 的情况下也可以用 getDocumentBase()装载声音文件

3. Java 语言支持的声音格式主要有________。

A. AIFF、AU、WAV、MIDI、RMF

B. 所有的音频格式

C. MP3、WMV、CDA、RMF

D. MMF、AU、WAV、MIDI

4. 如果语句是 play (getCodeBase()," MicrosoftSound. wav")，下列说法错误的是________。

A. 声音文件与 Applet 文件在相同的目录下

B. 声音文件是 MicrosoftSound. wav

C. 在 A 的情况下，可以使用 getCodeBase()装载声音文件

D. 不在 A 的情况下也可以使用 getCodeBase()装载声音文件

5. 显示字体的操作，正确的是________。

A. 先用 setFont()方法，再用 Graphics 类的 drawString()方法

B. 先用 Graphics 类的 drawString()方法，再用 setFont()方法

C. 先用 Graphics 类的 drawChars()方法，再用 setFont()方法

D. 先创建一个对象，再用 setFont()方法

6. 下面两行语句设置的当前颜色是________。

```
int r = 255, g = 255, b = 0;
Color c  =  new Color(r, g, b);
```

A. 红　　B. 绿　　C. 黄　　D. 白

7. 格式1是________的方法，格式2是________的方法，格式3是________的方法。

格式1：void play( )

格式2：void loop( )

格式3：void stop( )

A. 停止播放　　B. 播放一遍　　C. 连续播放

8. 下列程序，代码①输出的图形是________，代码②输出的图形是________，代码③输出的图形是________，代码④输出的图形是________。

```
{
    public void paint ( Graphics g )
    {
        g. drawRect ( 10, 10, 60, 50 ); //①
        g. fillRect (100, 10, 60, 50); //②
        g. drawRoundRect (190,10,60,50,15,15); //③
        g. fillRoundRect (70,90,140,100,30,40);//④
    }
}
```

A. ■　　B. □　　C. ■　　D. ▢

9.2.3 简述题

1. Graphics 并没有提供专门的绘制圆的类，简述怎样画圆。
2. 简述设置颜色的方法。
3. 为什么单线程动画会出现“卡死”现象？怎样解决？
4. 阅读下列程序的主要代码，在“//”编号后简述代码的主要作用。

```
public class SimpleImageLoad extends Applet
{
    Image img;
    public void init( ) //①
    {
    img  =  getImage (getDocumentBase( ) , getParameter ("img")) ; //②
    }
    public void paint(Graphics g) //③
    {
```

```
        g.drawImage ( img, 0, 0, this ) ; //④
    }
}
```

9.3 程序设计题

1. 图形的绘制（1）

绘制各种基本的几何图形。

2. 图形的绘制（2）

徒手绘图。

3. 文本信息处理（1）

在屏幕上精确定位并输出字符串“student”。

4. 文本信息处理（2）

设计文本行和文本域。

5. 颜色的设置

对长方形设置不同的颜色。

6. 图像文件的显示

设计电子相册。

7. 声音文件的播放

循环播放声音文件。

8. 动画设计与线程机制

采用多线程技术设计文字动画。

第10章　Java语言图形用户界面设计

Java 语言的抽象窗口工具包 AWT（Abstract Window Toolkit）是图形用户界面 GUI（Graphics User Interface）的工具集，它包括用户界面组件、布局管理器和事件处理等，可用于 Applet 和 Application 程序中，并支持图形用户界面编程。本章主要练习图形用户界面和鼠标、键盘事件的应用。

10.1 练习提要

10.1.1　用户界面组件

用户界面（User Interface）简称 UI。图形用户界面最基本的组成部分是组件（Component），组件不能独立地显示，必须放在一定的容器中才可以显示出来。当组件被定义之后，还要用 add( )方法将它添加到屏幕上，否则它还不能显示在屏幕上。

1. 标识（Label）

标识是由 Label 类实现的，Label 类有如下 3 种构造方法。

格式 1：Label( )

功能：构造一个空的标识。

格式 2：Label *（String s）

功能：构造一个显示字符串 s 的标识。

格式 3：Label（Strings，int alignment）

功能：构造一个显示字符串 s 的标识，且 s 以 alignment 方式对齐。

说明：此处 int 参数可以是 Label. LEFT（靠左）、Label. CENTER（居中）和 Label. RIGHT（靠右）。

2. 按钮（Button）

按钮是由 Button 类实现的，Button 类有如下两种构造方法。

格式 1：Button( )

功能：构造一个没有标识的按钮。

格式 2：Button（String s）

功能：构造一个以字符串 s 为标识的按钮。

说明：s 是按钮的文字标识。

3. 复选框（Checkbox）

复选框是由 Checkbox 类实现的，Checkbox 类的构造方法有以下 3 种。

格式 1：Checkbox( )

功能：构造一个空的复选框条目，未被选中。

格式 2：Checkbox（String s）

功能：构造一个以字符串 s 为标识的复选框条目，未被选中。

格式 3：Checkbox（String s，CheckboxGroup group，boolean state）

功能：构造一个以字符串 s 为标识的复选框条目，状态为 state。

说明：此处的 CheckboxGroup 参数用来指出这个条目所属的条目组，只有单选按钮才需要条目组，所以此处可以用 null；boolean 参数用来设置这个条目是否预先被选中，true 是选中，false 是未选中。

4. 单选按钮（Radio Buttons）

单选按钮是由 CheckboxGroup 类实现的。所有条目必须属于一个条目组，在这个条目组中，一次只能选择一个条目。

格式：CheckboxGroup( )

功能：构造一个条目组。

说明：在构造完一个条目组后，就可以把条目加入到这个条目组中。

5. 选择菜单（Choice Menu）

选择菜单又称为弹出式菜单，用户可以在菜单的条目中进行选择，是由 Choice 类实现的，Choice 类建立一个整数索引以便于检索。

格式：Choice( )

功能：构造一个选择菜单。

说明：构造完选择菜单之后，需要使用 Choice 类中的 addItem( ) 方法加入菜单的条目。条目在菜单中的位置由条目添加的顺序决定。

6. 列表框（Scrolling List）

列表框是由 List 类实现的，List 类的构造方法有以下两种。

格式 1：List( )

功能：构造一个不允许多项选择的列表框。

格式 2：List（int n，boolean b）

功能：构造一个有 n 个列表项的列表框，并根据 b 的值决定是否允许多选。

说明：int 类型参数为列表项的个数；boolean 类型参数确定这个列表是多选还是单选，true 表示多选，false 表示单选。与 Choice 类相同，在构造一个 List 类后，也要用 addItem( ) 方法添加列表中的条目。在添加条目的同时，也会建立一个整数索引。

7. 单行文本输入框（TextField）

单行文本输入框是由 TextField 类实现的，TextField 类的构造方法有以下两种。
格式 1：TextField( )
功能：构造一个单行文本输入框。
格式 2：TextField（int i）
功能：构造一个字符串长度为 i 的单行文本输入框。
说明：i 是指定的长度。

8. 多行文本输入框（TextArea）

多行文本输入框是由 TextArea 类实现的，TextArea 类的构造方法有以下 4 种。
格式 1：TextArea( )
功能：构造一个多行文本输入框。
格式 2：TextArea（int i，int j）
功能：构造一个多行文本输入框，行数为 i，列数为 j。
格式 3：TextArea（String s）
功能：构造一个显示指定文字的多行文本输入框。
说明：s 是指定的初始内容。
格式 4：TextArea（String s，int i，int j）
功能：构造一个指定行数、列数，并显示指定文字的多行文本输入框。

10.1.2　布局管理器

AWT 提供 3 种最基本的布局管理器：
（1）网格布局管理器（GridLayout）；
（2）流式布局管理器（FlowLayout）；
（3）边框布局管理器（BorderLayout）。

1. 网格布局管理器（GridLayout）

格式 1：setLayout（new GridLayout（int i，int j））
功能：设置一个 i 行 j 列的网格布局版面。
格式 2：setLayout（new GridLayout（int i，int j，int h，int v））
功能：设置一个 i 行 j 列的网格布局版面，且组件间的水平间距为 h 像素，垂直间距为 v 像素。

2. 流式布局管理器（FlowLayout）

流式布局管理器是 Java 语言默认的布局管理器。FlowLayout 布局默认的对齐方式为居中对齐，它不改变组件的大小，按组件原有尺寸显示组件。要设置对齐方式，可以使用 FlowLayout 类中的变量 LEFT、CENTER 和 RIGHT。

格式：setLayout（new FlowLayout（FlowLayout. CENTER，int i，int j）

功能：设置一个流式布局版面。

说明：把横向间隔设置成 i 像素，把纵向间隔设置成 j 像素。默认间隔是 3 像素。

3. 边框布局管理器（BorderLayout）

边框布局管理器与流式布局管理器及网格布局管理器不同，它使用地理上的方向 North（北）、South（南）、West（西）、East（东）和 Center（中）5 个区域来确定组件添加的位置。

格式：setLayout（new BorderLayout( )）

功能：设置一个边框布局版面。

说明：其中前 4 个方向占据屏幕的四边，Center 方向占据剩下的空白，组件只能被添加到指定的区域，且每个区域只能添加一个组件，若加入多个，则先前加入的组件将会被遗弃。同时组件的尺寸也被强行控制，即与其所在区域的尺寸相同。窗口尺寸改变时，组件的相对位置不变。

10.1.3　窗口构造组件

窗口构造组件包括框架（Frame）、菜单条（MenuBar）、菜单（Menu）、菜单项（MenuItem）和对话框（Dialog Box）。

1. 窗口构造组件

（1）框架（Frame）

框架是带有标题的顶层窗口，它可以显示标题。在每个 Frame 中都可以设置版面，默认值是 BorderLayout。Frame 类的构造方法有以下两种。

格式 1：Frame( )

功能：构造一个没有标题的窗口。

格式 2：Frame（String title）

功能：构造一个指定标题的窗口。

说明：title 为指定的标题内容。

注意：用这两个方法创建的窗口都是非可视窗口，只有使用 Frame 类的父类 Windows 类中的 show( )方法后，才能将它们在屏幕上显示出来。设置窗口的大小可以使用 resize( )方法。

（2）菜单

菜单是由 3 个类实现的，它们是 MenuBar、Menu 和 MenuItem，分别对应菜单条、菜单和菜单项。

① 菜单条（MenuBar）

格式：MenuBar( )

功能：构造菜单条。

在构造之后，还要使用 setMenuBar( )方法将它设置成窗口的菜单条。

② 菜单（Menu）

格式：Menu（String s）

功能：用指定的标识构造一个菜单。

说明：s 为菜单标识。

在构造完后，需要使用 MenuBar 类的 add( )方法将它添加到菜单条中。

③ 菜单项（MenuItem）

格式 1：MenuItem（String s）

功能：构造一个指定标识的菜单项。

说明：s 为菜单项标识。

格式 2：CheckboxMenuItem（String s）

功能：构造一个指定标识的菜单选项。

说明：s 为菜单选项标识。

2. 简单对话框

对话框是由 Dialog 类实现的，Dialog 类的构造方法有以下两种。

格式 1：Dialog（Frame f，boolean b）

功能：构造一个可视对话框。

说明：Frame 类型参数代表对话框的拥有者；boolean 类型参数用于控制对话框的工作方式，如果为 true，则对话框为可视时，其他构件不能接收用户的输入。此时的对话框称为“静态”的。

格式 2：Dialog（Frame f，String s，boolean b）

功能：构造一个带有标题的可视对话框。

说明：String 类型参数作为对话框的标题，其余参数与上面相同。在构造对话框之后，就可以添加其他的构件了。

10.1.4 鼠标和键盘事件

1. 鼠标事件

(1) mouseDown 方法

格式:
```
public boolean mouseDown(Event e, int x, int y)
{
    …
}
```

说明：*x*，*y* 是这个事件发生时鼠标的坐标值，该方法返回的是 boolean 型的值，不区分左、右按键。

(2) mouseUp 方法

鼠标事件与 mouseDown 相反，但使用方法与 mouseDown 相同。

(3) mouseMove 和 mouseDrag 方法

其参数和 mouseDown 或 mouseUp 一样。

(4) mouseEnter 方法

格式:public boolean mouseEnter(Event e, int x, int y)

```
{
…
}
```

功能：当鼠标进入到小应用程序的窗口范围时发生的事件。

说明：参数和 mouseDown 一样。

(5) mouseExit 方法

格式:public boolean mouseExit (Event e, int x, int y)

```
{
…
}
```

功能：当鼠标从小应用程序窗口移出来时发生的事件。

说明：参数和 mouseDown 一样。

2. 键盘事件

和鼠标比起来，由键盘所产生的事件就简单多了，一般来说，用户关心的是按下了什么键，然后再处理就行了，而不必像鼠标那样还具有移动的事件要处理。键盘的主要事件有以下两种。

(1) keyDown

格式:public boolean keyDown(Event e, int key)

```
{
…
}
```

功能：按下键盘按键时产生的事件。

(2) keyUp

格式:public boolean keyUp(Event e, int key)

```
{
…
}
```

功能：放开键盘按键时产生的事件。

说明：keyDown 和 keyUp 参数中的 e 仍然是表示事件本身的对象，而 key 是被用户按下或放开的按键的键值。Java 语言已经在类 Event 中定义好了一些按键值，如表 10.1 所示。

表10.1 Java语言中按键的类变量

类 变 量	代表的按键	类 变 量	代表的按键
Event. DOWN	方向键中的↓键	Event. F4	F4 键
Event. END	End 键	Event. F8	F8 键
Event. F1	F1 键	Event. F11	F11 键
Event. F2	F2 键	Event. F12	F12 键
Event. HOME	Home 键	Event. F7	F7 键
Event. LEFT	方向键中的←键	Event. F5	F5 键
Event. PGDN	Page Down 键	Event. F10	F10 键
Event. PGUP	Page Up 键	Event. F9	F9 键
Event. RIGHT	方向键中的→键	Event. F6	F6 键
Event. Up	方向键中的↑键	Event. F3	F3 键

10.2 基础练习

10.2.1 判断题

1. Java语言的图形用户界面组件可以独立地显示。

2. 要定义一个居中的“员工姓名”标识，只用下列语句就可以了。

```
Label a = new Label("员工姓名", Label.CENTER);
```

3. 选择菜单的条目在菜单中的位置是由条目添加的顺序决定的。

4. 执行Frame（String title）语句后，在屏幕上就可以直接显示窗口框架。

5. 对话框是由Dialog类实现的，并有两种构造方法。

6. Java语言的鼠标事件是不分左右键的。

7. 列表框与弹出式菜单相似，也是让用户在几个条目中作出选择，所以也可以用Choice类来实现。

8. Java语言图形界面内的所有组件的安排，都是由“布局管理器”进行管理的。

10.2.2 选择题

1. 要定义一个“提交”按钮，________方法是正确的。

A. Button b = new Button("提交");

B. Button b = new Button("提交");add(b);

C. add (new Button("提交"));

D. Button b = new Button("提交");
add (b=new Button("提交"));

2. 定义“人事部”选择菜单正确的方法是________。

A. Choice b = new Choice (人事部);

B. Choice b = new Choice();

add b = new Choice();

C. Choice b = new Choice();

b.addItem("人事部");

D. Choice b = new Choice();

b.addItem("人事部");

add (b);

3. 下列________布局管理器是使用地理上的东、西、南、北、中的方向来安排组件的。

A. GridLayout

B. FlowLayout

C. BorderLayout

D. CardLayout

4. 下列关于Java语言用户界面设计说法最完整的是________。

A. 用户界面 (User Interface) 简称UI

B. 组件可以独立地显示，但不能放在一起，以免混淆

C. 组件被定义之后，还要用add()方法将它添加到屏幕上

D. 组件可以独立地显示，但要放在一起

5. 关于语句“Label ("学历", Label.LEFT)”，说法错误的是________。

A. 这是“学历”标识，靠左

C. 运行该语句后，屏幕上就出现靠左的“学历”标识

B. 语句中的“Label.LEFT”是int参数

D. 这是关于Label的构造方法

6. 在构造“选择菜单”时，如果菜单已被添加到屏幕上，这时________。

A. 不能添加新条目

B. 需要重新构造，才能添加新条目

C. 需要用add()方法才能添加新条目

D. 仍可以加入新的条目

7. 创建一个标题长度为10、初始值为“附注”的单行文本框的正确方法是________。

A. TextField("附注");

B. TextField (10);

C. TextField("附注",10);

D. TextField (10, "附注");

8. 在图10.1中，GridLayout是________布局管理器，其布局图形是________；FlowLayout是________布局管理器，其布局图形是________；BorderLayout是________布局管理器，其布局图形是________。

网格　流式　边框　A图　B图　C图

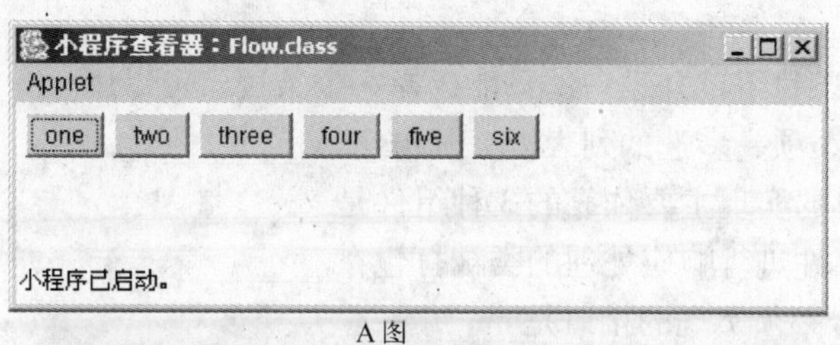

A图

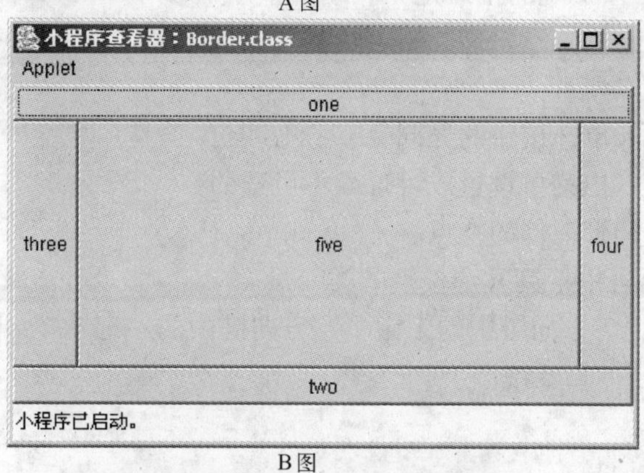

B图

C图

图 10.1　各种布局管理器

10.2.3　填空题

1. 设置一个3行2列的网格版面，横向间隔为5像素，纵向间隔为10像素。语句是____________________。

2. setLayout（new FlowLayout（FlowLayout. LEFT）；表示________。

3. 菜单是由3个类实现的，它们是________、________和________，分别对应菜单的3个部分，即________、________和________。

4. 为创建一个“确定”按钮，请在下列下画线处填上字符。

```
________ = new Button(________);add(b);
```

5. 语句“add (new Checkbox ("项目经理", null, true))”是________构造方法，“null”表示________，“true”表示________。

6. 要构造一个条目组，并且一次只能选择一个条目，可以用________构造方法实现。

7. 要构建一个5项、多选的列表框，其语句是________。

8. AWT中菜单的实现主要依靠的3种组件是________、________和________。

9. AWT中对事件进行响应处理的类被打包在________。

10. 布局管理器必须实现的接口是________。

10.2.4 简述题

1. 试比较复选框和单选按钮的异同。

2. 用什么方法可以把菜单设置成可选或不可选的?

3. 试比较3种布局管理器的特点。

4. 试列举Java语言中下列几个按键的类变量。

方向键中的↑键　　方向键中的↓键　　方向键中的←键

方向键中的→键　　End键

10.3 程序设计题

1. 组件(1)

设计如图10.2所示的复选框。

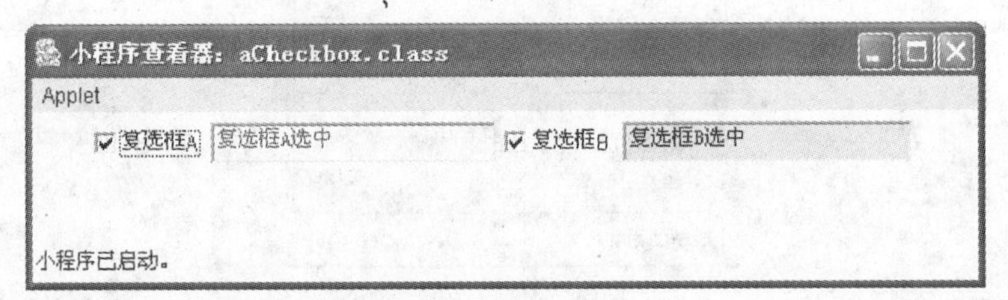

图10.2　复选框

2. 组件(2)

设计如图10.3所示的列表框。

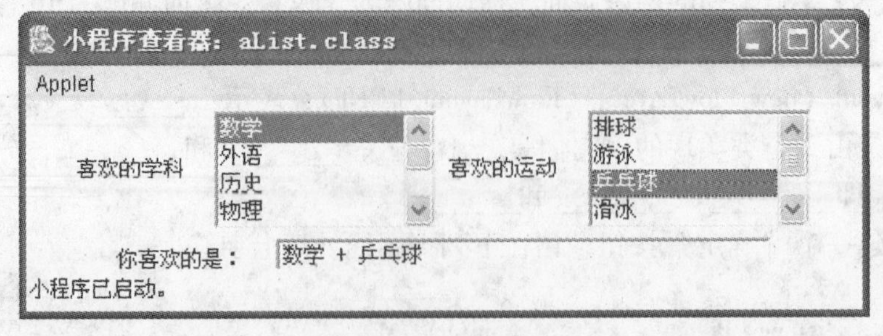

图10.3　列表框

3. 布局管理器（1）

设计如图 10.4 所示的布局管理器。

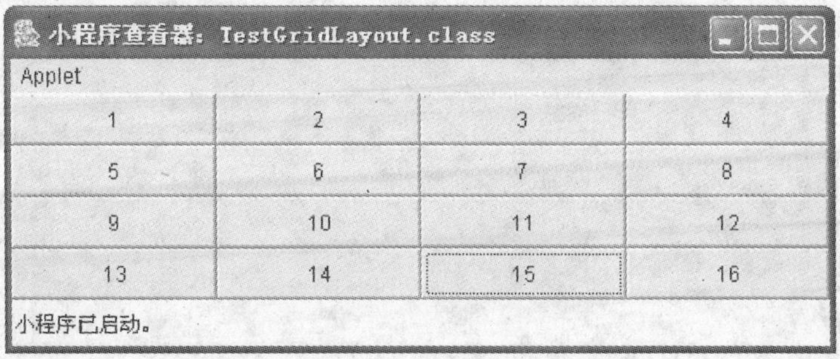

图 10.4　布局管理器

4. 布局管理器（2）

设计如图 10.5 所示的布局管理器。

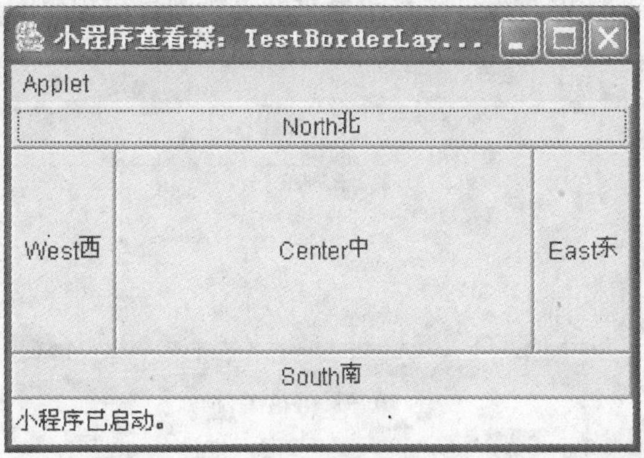

图 10.5　布局管理器

5. 窗口构造组件（1）

设计如图 10.6 所示的简单对话框。

图 10.6　简单对话框

6. 窗口构造组件（2）

设计如图 10.7 所示的下拉菜单。

图 10.7　下拉菜单

7. 鼠标和键盘事件（1）

设计如图 10.8 所示的键盘事件，单击键盘任意键则显示相应的提示信息。

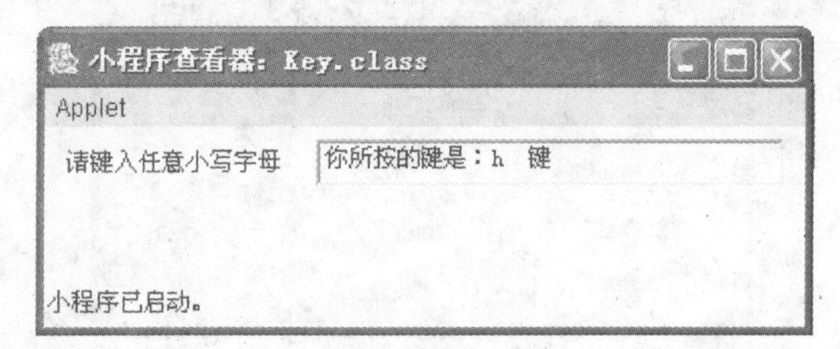

图 10.8　键盘事件

8. 鼠标和键盘事件（2）

设计如图 10.9 所示的对话框。

图 10.9　对话框

第11章　Java语言网络编程

Java 语言强大的网络功能是通过面向对象的方法，隐藏了网络通信中的一些烦琐细节，大大地方便了用户进行网络编程与设计的操作。本章主要练习 Java 语言的面向连接通信、无连接通信及利用 URL 访问网站的应用。

11.1 练习提要

11.1.1　面向连接通信的实现

客户端与服务器的数据传递是利用 Socket 套接字实现的。Socket 有两种主要的操作方式：面向连接的和无连接的。面向连接的步骤如下。

1. 打开 Socket 连接

在 java. net 包中提供了两个类 Socket 和 ServerSocket，分别用来表示双向连接的客户端和服务器。

在客户端上调用 Socket 类的构造函数，以服务器指定的 IP 地址或指定的主机名和指定的端口号为参数，创建一个 Socket 流。在创建 Socket 流的过程中包含了向服务器请求建立通信连接的过程。

例如，客户端与主机 sayhelloServer 的端口 PORT 相连接，创建的 Socket 代码如下：

```
Socket socket = new Socket("192. 168. 0. 1", SayhelloServer. PORT);
```

在服务器上调用 ServerSocket 类以某个端口号为参数，创建一个 ServerSocket 对象，也是为服务器在该指定端口创建监听的 Socket。使用 ServerSocket 对象的 accept( )方法，接收来自客户机程序的连接请求。

如服务器以端口 PORT 创建一个服务器 Socket，代码如下：

```
ServerSocket s = new ServerSocket(PORT);
```

2. 打开连接到 Socket 的输入/输出流

使用 Socket 的 getInputStream( )和 getOutputStream( )方法来创建输入/输出流。这样，使用 Socket 类后，网络输入/输出也转化为使用流对象的过程。

3. 对 Socket 进行读写操作

使用新建的 Socket 对象创建输入/输出流对象后，便可使用流对象的方法进行数据传输，按约定协议识别完成双方的通信任务。

4. 关闭 Socket

当通信任务完毕后，就用 Socket 对象的 close( )方法来关闭通信 Socket。而在服务器程序运行结束之前，也应当关闭用来监听的 Socket。

11.1.2 无连接通信的实现

在无连接通信模式下，通信双方之间并不用建立连接，只需建立数据报通信的 DatagramSocket，并构建数据报文包 DatagramPacket 接收和发送数据报，处理接收缓冲区内的数据即可。无连接通信实现的步骤如下。

1. 建立数据报通信的 Socket

DatagramSocket 类有以下两种构造方法。

格式 1：DatagramSocket( )

功能：构造一个数据报 Socket。

说明：这是一个比较特殊的用法，通常用于客户端编程，它并没有特定的监听端口，仅仅使用一个临时的端口。

格式 2：DatagramSocket（端口号）

功能：构造一个数据报 Socket，并使其与本地主机指定的端口连接。

2. 创建数据报文包

格式：DatagramPacket（数据报文包数据，包长度，目标地址，目标端口）

功能：创建一个数据报文包，用来实现无连接的包传送服务。

说明：DatagramPacket 类提供了 4 个方法来获取信息，其中最重要的方法是 getData( )，它从实例中取得报文的 Byte 数组编码；而 getLength( )返回发送或接收到的数据的长度；getAddress( )返回一个发送或接收此数据报文包的机器的 IP 地址；getPort( )返回发送或接收数据报的远程主机的端口号。

3. 接收和发送数据报文包

通过调用 DatagramSocket 对象的 receive( )方法来完成接收数据报的工作，此时需要将已创建的 DatagramPacket 对象作为参数，该方法会一直阻塞直到收到一个数据报文包，这时 DatagramPacket 的缓冲区中包含的就是接收到的数据；发送是通过调用 DatagramSocket 对象的 send( )方法实现的，它需要以 DatagramPacket 对象为参数，将其数据组成数据报发出。

4. 对数据进行读写操作

当接收到数据包后，就可以处理接收缓冲区内的数据，获取服务结果。

5. 关闭数据报通信 Socket

当通信完成后，可以使用 DatagramSocket 对象的 close( ) 方法来关闭数据报通信 Socket。

11.1.3　利用 URL 访问网站

Java 语言用 URL 类来描述 URL，URL 类包含在 Java. net 包中。在 URL 类中，使用 String 类来描述网络的 URL，用以指向网络主机上的文件名；使用 getFile( )、getHost( ) 等方法来访问 URL 对象的各个部分。

使用 new 来创建 URL 对象的几种方法如下。

(1) new URL(url)：使用 URL 字符串创建一个 URL 对象，即 new URL（String url)，适用于已知 URL 字符串后直接将其作参数创建一个 URL 对象。

(2) new URL(String, String, int, String)：将 URL 地址的各部分信息，即传输协议、主机名、端口号和文件名作为参数，即 new URL（协议，主机名，端口号，文件名或路径)。

(3) new URL(string, String, String)：此处 3 个参数分别表示协议类型、主机名和文件名，即 new URL（协议，主机名，文件名)，适用于没有端口号的 URL 地址（使用默认端口号)。

(4) new URL(URL, String)：前一个参数是基准 URL，后一个参数是相对路径。

11.2 基础练习

11.2.1　判断题

1. 面向连接通信的实现要使用 Socket 的输入/输出流方法。
2. Socket 无连接通信的传输可靠性比面向连接通信高，但它的传输速度比面向连接通信慢。
3. 面向连接通信和无连接通信在通信完后都要关闭其通信 Socket。
4. Java 语言用 NET 类来描述 URL。
5. 无连接通信的接收和发送数据包都是在处理接收缓冲区内进行处理的。

11.2.2　选择题

1. 下列说法错误的是________。

A. 面向连接时是通过 Socket 类来完成的

B. 通过 getInputStream( ) 方法和 getOutputStream( ) 方法完成面向连接

C. 无连接通信不需要输入/输出流

D. 在客户端上要调用 Socket 类的构造函数才能完成连接

2. 数据报文包是用________来创建的。

A. DatagramSocket( )类　　　　B. DatagramPacket 类

C. close( )方法　　　　D. receive( )方法

3. 以下的________方法适合于用没有端口号的 URL 地址来创建 URL 对象。

A. new URL(url)

B. new URL(String, String, int, String)

C. new URL(string, String, String)

D. new URL(URL, String)

4. 在无连接通信中，DatagramPacket 类提供了 4 个方法来获取信息。其中，取得报文 Byte 数组编码的是______；返回发送或接收到的数据长度的是______；返回一个发送或接收此数据报文包 IP 地址的是______；返回发送或接收数据报的远程主机端口号的是______。

A. getLength( )

B. getAddress( )

C. getPort( )

D. getData( )

11.2.3　填空题

1. Socket 有两种主要的操作方式，即____________和____________。

2. 发送流接口的顺序是：________、________、________和________，而接收流接口的顺序________一样。

3. 下面是面向连接的客户端主要代码段。为使程序正确运行，在________上填上关键词。

```
public static void main( String args[ ] ) throws IOException
    {
        //创建一个流 Socket,并与主机 sayhelloServer 的端口 PORT 相连接
        ________ = new Socket( "192. 168. 0. 1" , SayhelloServer. PORT) ;
        try
        {
            //创建新的数据输入流,以便从指定的输入流中读入数据
            ________ =
              new BufferedReader(
                new InputStreamReader(
                  socket. getInputStream( ) )·) ;
            //创建新的数据输出流,以便从指定的输出流中写出数据
            ________ =
              new PrintWriter(
                new BufferedWriter(
                  new OutputStreamWriter(
```

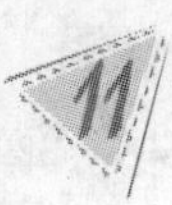

```
                socket. getOutputStream())), true);
            out. println("你好,这是来自客户端的信息。");
            out. println("END");
            String str = in. readLine();
            ________("服务器端:" + str);
        }
        finally
        {
            //用 Socket 对象的 close()方法关闭 Socket
            ________;
        }
    }
```

4. Java. net 包中有两个类______________和__________________，分别用于在客户端和服务器上创建 Socket 通信。

5. Java 语言用 URL 类来描述 URL，URL 类包含在 Java. net 包中。在 URL 类中，使用______类来描述网络的 URL，用以指向网络主机上的文件名；使用______、______等方法来访问 URL 对象的各个部分。

11.2.4　简述题

1. 简述面向连接通信的实现步骤。
2. 已知服务器 sayhelloServer 的 IP 地址是 192.168.0.1，用套接字 Socket 写出客户端与服务器的 PORT 代码连接。
3. 简述无线连接通信实现的步骤。
4. 简述用 new 创建 URL 对象的方法。

11.3 程序设计题

1. 面向连接通信的实现

利用 Socket 套接字进行面向连接通信的编程。客户端发送文件，服务器接收并显示客户端地址，然后返回信息“你的请求已收到!”给客户端。

2. 无连接通信的实现

在无连接通信方式下编程，实现客户端输入并发送用户名。服务器接收并显示发送的用户名，同时检验它们的正确性，若错误返回“对不起，你输入错误的用户名，请重新输入。”，正确则返回“你好，欢迎你再次回来!”。

3. 利用 URL 访问网站

编写访问中华网网站的程序。

第12章 Java语言与数据库

用 Java 语言开发一个数据库应用系统通常需要进行以下的工作：首先创建数据库和数据源；其次通过某种方式（如 JDBC - ODBC 桥）与数据库、数据源建立连接并通过连接测试；最后在建立连接的基础上完成数据库应用系统的各种功能。本章主要练习 Java 语言与 Access 数据库和 SQL Server 数据库连接的应用。

12.1 练习提要

12.1.1 数据库的创建

1. Access 数据库的创建

可以利用图形界面创建 Access 数据库。

2. SQL Server 数据库的创建

可以使用可视化窗口创建数据库，也可以使用 SQL 语句创建数据库。

格式：CREATE DATABASE db_name

功能：创建数据库。

格式：DROP DATABASE db_name

功能：删除数据库。

12.1.2 数据库的连接

Java 语言与 Access 数据库连接或与 SQL Server 数据库连接，都要先创建 ODBC 数据源或 JDBC 数据源，然后再通过代码完成。

Access 数据库或 SQL Server 数据库数据源的创建可以通过各自的图形界面完成。

在代码连接中，常用到 class 类的 forName 方法和 DriverManager. getConnection 方法。forName 方法加载数据库驱动程序，DriverManager. getConnection 方法用于对数据库驱动程序的管理、注册、注销及连接等。

这两者都需要使用异常处理。如果认为进行异常处理太麻烦，可以使用 throws 关键字。

格式：public static void main（String [] args）throws Exception

功能：使用 throws 关键字以后当程序出现异常时便会停止执行。

12.1.3 数据表的创建与删除

格式：CREATE TABLE table_name（字段名 类型 其他特性）

功能：使用 SQL 语句创建数据表。

说明：其中，数据类型包括文本、数字和日期；其他特性包括 primary key（主键），identity（1，1）（数字自动增加，在 SQL Server 中使用），not null（不允许空值），null（允许空值）。

格式：DROP TABLE db_name

功能：使用 SQL 语句删除数据表。

说明：如果对数据表创建索引，则可以加快数据表的查询速度。

12.1.4 数据的插入操作

格式：INSERT INTO 表名（字段名，字段名...）VALUES（字段值，字段值...）

功能：使用 SQL 语句插入数据。

说明：当已知表中列的顺序时，可以使用缩写形式。SQL 语句表示字符串的符号是"。

12.1.5 数据的查询操作

格式1：SELECT 字段名 FROM 数据表 WHERE 特定条件

功能：使用 SQL 语句查询数据表记录。

格式2：SELECT 字段名 FROM 数据表1，数据表2，WHERE 数据表1. 外键 = 数据表2. 外键

功能：使用 SQL 语句查询多个数据表。

12.1.6 数据的修改操作

格式：UPDATE 表名 SET 字段 = 字段值，字段 = 字段值... WHERE 特定条件

功能：使用 SQL 语句更新数据表数据。

说明：如果缺少 WHERE 特定条件，将更改数据库的所有记录。

12.1.7 数据的删除操作

格式：DELETE FROM 表名 WHERE 特定条件

功能：使用 SQL 语句删除数据表记录。

说明：如果缺少 WHERE 特定条件，将删除数据库的所有记录。

12.2 基础练习

12.2.1 判断题

1. 创建数据库可以通过 Access 和 SQL Server 的图形界面来完成。

2. 数据库创建了就可以直接与 Java 语言连接。

3. Java 语言与 Access 数据库连接不一定要用代码，可以用图形界面来连接。

4. ODBC 数据源与 SQL Server 的连接步骤和 Access 基本相同，不同之处是从选择驱动程序开始的。

5. Access 创建数据表可以用图形界面，SQL Server 创建数据表一定要用代码。

12.2.2 选择题

1. ODBC 数据源管理器与数据库的代码连接中，DriverManager. getConnection 方法用于________。

A. 异常的处理

B. 加载合适的驱动程序

C. 创建 ODBC 数据源管理器

D. 删除多余的数据源

2. 关于数据库的连接，下列说法错误的是________。

A. 可以通过 ODBC 实现

B. 可以通过 JDBC 实现

C. 可以在 Windows 平台上实现

D. 不可以在 Linux 和 UNIX 平台上实现。

3. 关于 ODBC 的说法，正确的是________。

A. 必须有本地执行的一个 C 语言接口

B. 大多数执行代码只能在 Windows 平台上运行

C. 以平台独立的方式实现对不同类型数据库的访问

D. 大多数执行代码只能在 Linux 平台上运行

4. 关于 JDBC 的说法，错误的是________。

A. 不需要中间服务器

B. 由 Java 语言实现

C. 不能在 Windows 平台上运行

D. 可以在 Linux 和 UNIX 平台上使用

5. 下列代码段，说法正确的是________。

```
String url = "jdbc:odbc:studentsAccess";
  Connection conn;
```

A. 建立连接类

B. 给数据库命名

C. 建立多余的数据源

D. 与 SQL Server 连接

12.2.3 填空题

1. 用SQL Server创建students数据库，代码是________________，删除数据库的代码是________。

2. ODBC数据源管理器与数据库的代码连接中，class类的________方法用于加载数据库驱动程序。

3. 在下列代码的________中填入关键词，以便能用SQL Server语句创建数据表。

```
________ = "create table studentbase(" +
                    "学号 int not null primary key," +
                    "姓名 char(10)," +
                    "年龄 int," +
                    "性别 char(10)," +
                    "班别 char(50))";
```

4. 在下列代码的________中填入关键词，以便JDBC与ODBC桥创建数据库连接。

```
________("sun.jdbc.odbc.JdbcOdbcDriver");
________("JDBC-ODBC的驱动程序注册成功");
```

5. 在下列代码的________中填入关键字符串，以便在屏幕上显示"数据库连接成功"。

```
System.out.println ________________;
```

12.2.4 简述题

1. 试分析ODBC与JDBC的数据库连接特点。

2. 下列程序是删除studentbase数据表的DropStudentbaseSQLServer.java代码。阅读后，请在"//"后作注释。

```
import java.sql.*;
public class DropStudentbaseSQLServer
{
    public static void main(String[] args) throws Exception
    {
        String url = "jdbc:odbc:studentsSQLServer";
        Class.forName("sun.jdbc.odbc.JdbcOdbcDriver");
          //
        Connection conn = DriverManager.getConnection(url, "", "");
        String sql = "drop table studentbase"; //
        Statement stmt = conn.createStatement(); //
        try
```

```
            {
                stmt. execute(sql);
                System. out. println("数据表 studentbase 删除成功");
            }
            catch(Exception e)
            {
                System. out. println("数据表 studentbase 删除失败");
                e. printStackTrace();
            }
        }
    }
```

12.3 程序设计题

1. 数据库的创建

创建 SQL Server 数据库。

2. 数据库的连接

创建 SQL Server 的 ODBC 数据源。

3. 数据表的创建与删除（1）

使用 SQL Server 语句创建数据表。

4. 数据表的创建与删除（2）

使用 SQL Server 语句删除数据表。

5. 数据的插入操作

使用 SQL Server 语句插入数据表记录。

6. 数据的查询操作

使用 SQL Server 语句查询数据表记录。

7. 数据的修改操作

使用 SQL Server 语句修改数据。

8. 数据的删除操作

使用 SQL Server 语句删除记录。

读者意见反馈表

书名：Java 语言案例教程（第 2 版）上机指导与练习　　主编：杨培添　　策划编辑：关雅莉

谢谢您关注本书！烦请填写该表。您的意见对我们出版优秀教材、服务教学，十分重要。如果您认为本书有助于您的教学工作，请您认真地填写表格并寄回。**我们将定期给您发送我社相关教材的出版资讯或目录，或者寄送相关样书。**

个人资料

姓名________年龄____联系电话__________（办）__________（宅）__________（手机）

学校______________________________专业__________职称/职务__________

通信地址______________________________邮编__________E-mail__________

您校开设课程的情况为：

本校是否开设相关专业的课程　□是，课程名称为______________________________□否

您所讲授的课程是______________________________课时__________

所用教材______________________________出版单位__________________印刷册数______

本书可否作为您校的教材？

□是，会用于______________________________课程教学　　□否

影响您选定教材的因素（可复选）：

□内容　□作者　□封面设计　□教材页码　□价格　□出版社

□是否获奖　□上级要求　□广告　□其他______________________________

您对本书质量满意的方面有（可复选）：

□内容　□封面设计　□价格　□版式设计　□其他__________

您希望本书在哪些方面加以改进？

□内容　□篇幅结构　□封面设计　□增加配套教材　□价格

可详细填写：______________________________

____

您还希望得到哪些专业方向教材的出版信息？

____

感谢您的配合，可将本表按以下方式反馈给我们：

【方式一】电子邮件：登录华信教育资源网（http://www.hxedu.com.cn/resource/OS/zixun/zz_reader.rar）下载本表格电子版，填写后发至 ve@phei.com.cn

【方式二】邮局邮寄：北京市万寿路 173 信箱华信大厦 1101 室　职业教育分社　（邮编：100036）

如果您需要了解更详细的信息或有著作计划，请与我们联系。

电话：010-88254475；88254591

反侵权盗版声明

举报电话：（010）88254396；（010）88258888
传　　真：（010）88254397
E-mail：dbqq@ phei. com. cn
通信地址：北京市海淀区万寿路 173 信箱
　　　　　电子工业出版社总编办公室
邮　　编：100036